青少年安全知识丛书

青少年网络安全知识

●李 营 编著

上海科学普及出版社

图书在版编目（CIP）数据

青少年网络安全知识 / 李营编著 . — 上海 ：
上海科学普及出版社 , 2012.10（2024.3 重印）
（青少年安全知识丛书）
ISBN 978-7-5427-5514-8

Ⅰ . ①青… Ⅱ . ①李… Ⅲ . ①计算机网络—安全技术—青年读物②计算机网络—安全技术—少年读物 Ⅳ . ① TP393.08-49

中国版本图书馆 CIP 数据核字（2012）第 213900 号

责任编辑：郭子安　胡　伟

青少年安全知识丛书
青少年网络安全知识
李　营　编著
上海科学普及出版社出版发行
（上海中山北路 832 号　邮政编码 200070）
http：//www. pspsh. com

各地新华书店经销　天津旭丰源印刷有限公司印刷
开本 787 × 1092　1/16　印张 10　字数 176 000
2012 年 10 月第 1 版　2024 年 3 月第 2 次印刷

ISBN 978-7-5427-5514-8　定价：38.00 元

前 言

21世纪的今天已经走进了网络时代。

诚然，网络为人们的生活或是工作带来了很多便捷，但也存在许多弊病：或是严重地危害了人们的身心健康，或是为一些犯罪分子提供了契机，或是误导人们就此走上犯罪的道路……尤其对青少年来说，他们正处于心理年龄逐渐趋于成熟的时期，面对网络上出现的一些教课书上从未有过的，或比较新奇，或情色味道较浓的信息，他们带着好奇的心理，贪婪地汲取着，却不知这简直等同于在吸毒。面对刺激的网络游戏，他们深陷其中，学业就此荒废。面对网络世界的骗局，没有经验的他们却满心欢喜地以为那是“天上掉下的馅饼”，殊不知那实际上是一些投机分子特意布下的局。面对网络诱惑，自制力很弱的青少年或就此陷入低俗的网络信息之中，或沉迷于网游，不但荒废了学业，甚至会踏上人生的不归路……

因此，《青少年网络安全知识》一书旨在引导青少年如何正确地运用“网络”这个很便捷的“现代用具”。用简单易懂的语言并结合相应的图片，分别从走进网络的世界、网瘾现象不容忽视、网络安全的问题、网络世界的骗局、拒绝网络诱惑等方面，为青少年完整地勾勒出一幅“网络安全知识图”。相信青少年阅读完本书，不仅能对互联网有科学的了解，还能学会正确利用这一平台，学习充实自己，远离网络的危害。

目　　录

第一章 走进网络的世界

互联网的由来

互联网，一个热门话题，家喻户晓、妇孺皆知的一个神奇媒体。互联网又称因特网、网际网，是当代高科技的产物。同学们每天都通过互联网与朋友通信、交流，了解新闻、获取信息、共同娱乐。

那么，同学们知道什么是互联网吗？

1995 年 10 月 24 日，“联合网络委员会”通过了一项关于“互联网定义”的决议。内容如下：

◎互联网指的是全球性的信息系统。

◎通过全球性的唯一的建立在“互联网协议”（IP）或今后其他协议基础之上的地址逻辑地链接在一起。

◎可以通过“传输控制协议”和“互联网协议”（TCP/IP），或者今后其他接替的协议或与“互联网协议”（IP）兼容的协议来进行通信。

◎在上述通信及相关的基础设施之上，可以让公共用户或者私人用户使用高水平的服务。

这当然是从技术的角度来定义互联网。这个定义揭示了三个方面的内容：首先，互联网是全球性的；其次，互联网上的每一台主机都需要有“地址”；最后，这些主机必须按照共同的规则（协议）连接在一起。

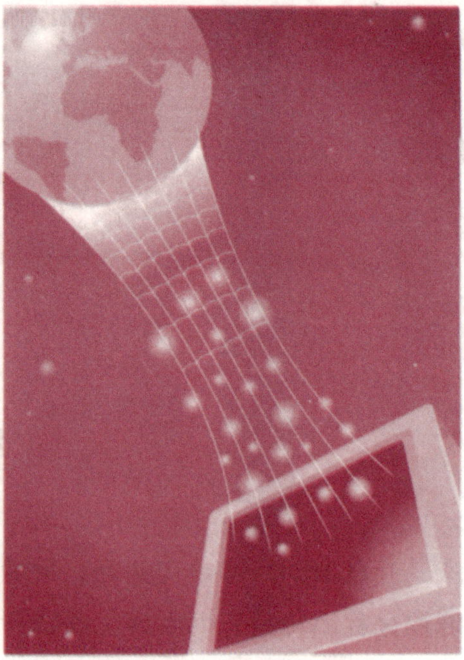
◆网络世界

简单说，Internet 泛指“全世界”各国家的广域网、局域网等网络及单机利用 ICP/IP 通讯协定所建立的国际计算机网络（范围包括全世界而不单指某一地）。目前，我们使用电脑拨号上网的，就是 Internet 国际互联网。网络上有一些开放的公共资源，任何人都可以获取，世界上的人们都从中受益。

案例

20 世纪 60 年代初，世界正处于东西方冷战时期。

兰得公司的研究人员保罗·巴伦主要从事通信的可靠性研究。作为世界最大的核武器库的领导人，他渐渐感到一种恐惧，担心操控这个核武器库的通信系统太过脆弱，不堪一击。如果有一天核战争爆发，一个事故或一次核爆炸就可使总指挥失去指挥能力，那将不可避免地出现混乱或者更糟糕的局面。

必须有一种在受到毁灭性攻击之后，仍然可以通行全世界，具有迅速恢复畅通能力的网络。

巴伦的任务是开发一种更安全的通信系统。首先，他需要了解当时正在使用的系统。因此，他请求查阅美国当时的通信提供商——T 的网络

◆美苏冷战

◆冷战宣传画

规划，以便确认通信系统是否安全。尽管巴伦以书面形式保证严守秘密，但是T还是拒绝了。他们报告说已经研究过这个问题了，说系统是安全的。T的系统是贝尔系统。当时的T势力强大，它不只是一个大公司，还是一个政府的合作伙伴，统治着美国的通信业。

在早期电信业中，贝尔公司享有电话技术的第一批专利。1908～1913年，T建立了一个庞大的电话系统，贝尔实验室发明了光线技术和晶体管，并做出了许多重大的技术改进。T成功吸引了最优秀的电信科研人员。诺贝尔物理学奖一半以上的得主都来自贝尔实验室。T采取了包括选择性互联和收购竞争对手等多种策略来击溃那些独立的电话公司。它逐渐获得了政府的认可，使其可以扩张势力范围而免受反垄断调查。自1912年电话真正互联开始起，T就成为了美国电信业的主宰者。

到1920年时，美国38.7%的农民和30%的城镇居民拥有电话。但是电话公司间并不互通。

在1965年T的垄断达到了鼎盛时期，全美85%的家庭为该系统所连。电信规则有着垄断性话语权，其他电信系统不允许存在。

巴伦认为美国国防部实验室的一名科研人员，认为T对核威胁还

◆贝尔实验室

没有真正的认识。如果T确实认识到了，那么一定就是不想暴露自己的弱点。

巴伦秘密获取了一份T计划书，即美国电信系统蓝图的复印件。他发现网络过于集中，并且缺乏有效的应急措施，确信T所建立的系统经受不住核武器的攻击。巴伦坚持以其他的电信系统模型来取代它，并希望T帮助实现它。这个不同的模型并不是因特网，但是却接近因特网。

用以取代固定线路系统——电话系统就是依此而建的。在T的设计下，当你给巴黎的某人打电话时，在你和巴黎之间会开通一条线路。理论上，你可以找到这条连接你和巴黎的铜线，你们所有的谈话都由这条铜线所传递。

巴伦提出了一种包交换（或分组交换）技术，使网络通信不像由中央控制那样简单的把数据直接传送到目的地，而是在网络的不同站点之间像接力赛一样的传送。

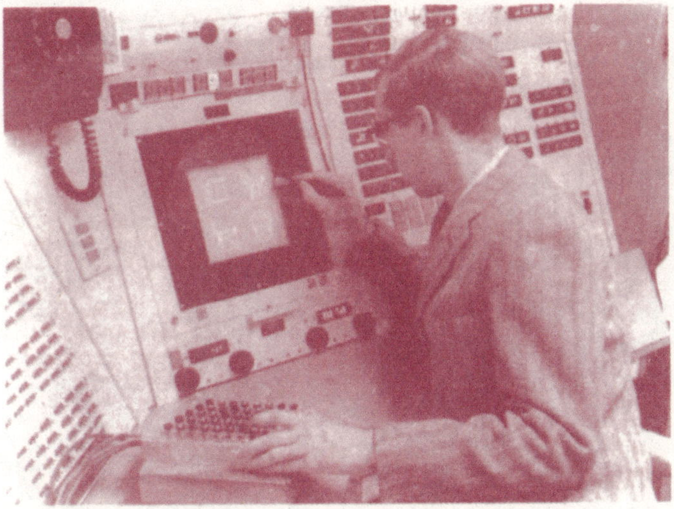

◆将要影响世界的研究

在这种方式下，如果把谈话的内容数字化（从声波变成字节），再将字节流分割成若干个数据包，那么这些数据包就能够各自沿着网络传输，并在接收的一端造成实时连接的印象。只要数据包传输得足够快，并且电话两端的计算机速度也足够快，那么以这种数据包形式进行交谈就像是通过一根虚拟越洋线路在交谈。

为了军事研究，美国建立了国防部高级研究计划署，聘请罗伯茨设计网络。1968年，由罗伯茨设计的“资源共享的电脑网络”研究计划被批准。美国国防部开始进行DARPA计划，开始架设高速且有弹性的网络。这个网络被叫做“阿帕网”，这时只有四台主机联网运行。1970年，网络工作小组制定出最初的主机对主机的通信协议——“网络控制协议”，用来控制网络信号的传输。阿帕网的运行有了标准。

罗伯茨也就当之无愧地被人们称为“阿帕网之父”。我们现在的互联网就是按照“包交换”的原理运行的。从此以后，阿帕网的规模不断扩大，逐渐发展成为今天的互联网。

◆阿帕网研究者

互联网的发展

互联网始于1969年，是在ARPA（美国国防部研究计划署）制定的协定下将美国西南部的大学（即加利福尼亚大学洛杉矶分校）、史坦福大学研究学院、加利福尼亚大学和犹他州大学的四台主要的计算机连接起来。

这个协定由剑桥大学的BBN和MA执行，在1969年12月开始联机。到1970年6月，麻省理工学院、哈佛大学、BBN和加州圣达莫尼卡系统发展公司加入进来。到1972年1月，史坦福大学、麻省理工学院的林肯实验室、卡内基梅隆大学也加入进来，紧接着的几个月国家航空和宇航局、兰德公司、伊利诺利州大学等机构单位也加入进来。之后越来越多的公司加入，无法在此一一列出。

1968年，当参议员特德·肯尼迪听说BBN赢得了ARPA协定作为“内部消息处理器（IMP）”，他向BBN发送贺电祝贺他们在赢得“内部消息处理器”协议中表现出的精神。

互联网最初设计是为了能提供一个通讯网络，即使一些地点被核武器摧毁也能正常工作。如果大部分的直接通道不通，路由器就会指引通信信息经由中间路由器在网络中传播。

由于TCP/IP体系结构的发展，互联网在20世纪70年代迅速发展起来，最初由鲍勃·卡恩在BBN提出了体系结构，然后由史坦福大学的卡恩和温特·瑟夫和整个70年代的其他人进一步发展完善。80年代，美国国防部采用了这个结构，到1983年，整个世界普遍采用了这个体系结构。

1971年，为阿帕网工作的汤姆林森编写了一种通信软件，通过这种软件，可以实现不同电脑系统之间的通信。这就是在阿帕网上使用最为普遍的电子邮件。电子邮件这种新的方式使网络通信前所未有地方便起来。

1974 年，大多数局域网的协议——以太网，产生于哈佛大学学生鲍勃·麦特卡夫在“信息包广播网”上的论文。

◆服务器

怎样使不同类型的电脑按照共同的方式、共同的标准来连接，成了阿帕网的关键问题。

1973 年，网络专家制定出了新的协议，就是我们现在还一直使用的——“传输控制协议”和“网络间协议”。

1977 年 7 月，美国国防部高级研究计划署组织了第一次不同网路之间的互联。信包首先通过点对点的卫星网络跨越了大西洋到达挪威，又从挪威经过陆地电缆到达伦敦；然后再通过大西洋信包卫星网络，分别由埃当、西弗吉尼亚、贡希利、塔努姆和瑞士的地面站传送再回到美国。

1978 年，UNIX 和 UNIX 拷贝协议在贝尔实验室被提出来。1979 年，在此基础上新闻组网络系统发展起来，为全世界范围内交换信息提供了一个新的方法。新闻组是网络世界发展中的非常重大的一部分，遍布世界的互联网站点都充分地利用新闻组。

同样地，一种连接世界教育单位的计算机网络，连接到世界教育组织的 IBM 的大型机上，同时，1981 年开始提供邮件服务，形成了互联网发展中的又一个重要部分。

当电子邮件、文件下载和远程登录的命令都规定为标准化时，学习和使用网络对于非工程技术人员变得非常容易，极大地推广了互联网的应用。世界各地的大学通讯、图书馆的共享文件和资源得以分享。

1989 年，第一个检索互联网发明出来；1991 年，第一个连接互联网的友好接口开发出来，世界的电脑主机像网一样搜集网络连接和索引。

◆互联世界

1989 年，分类互联网信息协议的提出，成为普及互联网应用的历史上又一个重大的事件发生了。

这时的互联网是由政府部门投资建设的，所以还只限于研究部门、学校和政府部门使用。除了以直接服务于研究部门和学校，其他的商业行为是不允许的。

20 世纪 90 年代初，独立的商业网络开始发展起来，这种局面被打破了。这使得从一个商业站点发送信息到另一个商业站点，不必经过政府资助的网络中枢。

1992 年 7 月，提供在线网络服务的国际商业公司开始电子邮件服务，1992 年 11 月开展了全方位的网络服务。美国在线、美国在线服务机构也开始了网上服务。

比尔·盖茨之微软公司在迅速成长的互联网上进行投资，微软全面进入浏览器、服务器和互联网服务提供商（ISP）市场的转变已经完成，实现了基于互联网的商业公司。

1998 年 6 月，微软的浏览器和集成桌面 Win98 开发出来。

如今，越来越多的人加入到互联网中，越来越多地使用着互联网。可以说，现代人类工作、生活已与网络密不可分。

互联网之父

互联网之父作为互联网的创始人、发明人的美称被先后授予多人，也就是说“互联网之父”不是一个人，而是一个群体。包括蒂姆·伯纳斯·李、温顿·瑟夫、罗伯特·卡恩等。

1. 世界互联网之父

（1）蒂姆·伯纳斯·李爵士

1955 年出生于英国，是万维网的发明者，英王功绩勋章（OM）获

◆蒂姆·伯纳斯·李

得者，不列颠帝国勋章（OBE）获得者，英国皇家学会会员，英国皇家工程师学会会员，美国国家科学院院士。

1989 年 3 月他正式提出万维网的设想；1990 年 12 月 25 日，他在日内瓦的欧洲粒子物理实验室开发出了世界上第一个网页浏览器。

他最杰出的成就，是免费把万维网的构想推广到全世界，让万维网科技获得迅速的发展，深深改变了人类的生活面貌。

（2）温顿·瑟夫博士

互联网基础协议——TCP/IP 协议和互联网架构的联合设计者之一，谷歌全球副总裁、Internet 互联网奠基人之一。20 世纪 70 年代，温顿·瑟夫曾经参与互联网的早期开发与建设。

◆温顿·瑟夫

（3）罗伯特·卡恩博士

罗伯特·卡恩是现代全球互联网发展史上最著名的科学家之一，TCP/IP 协议合作发明者，互联网雏形 Arpanet 网络系统设计者，“信息高速公路”概念创立人。美国国家工程协会成员，美国电气与电子工程师IEEE学会、美国人工智能协会、美国计算机协会、前美国总统科技顾问。罗伯特·卡恩目前在美国全国研究创新联合会任主席。1986年，罗伯特·卡恩亲自领导创建了CNRI，这是一个美国信息基础设施研究和发展提供指导和资金支持的非营利组织，同时也执行IETF的秘书处职能。

◆罗伯特·卡恩

1997年12月，克林顿总统向瑟夫博士和他的同事罗伯特·卡恩颁发了美国国家技术奖章，表彰他们对于互联网的创立和发展做出的贡献。2004年，卡恩和瑟夫博士因为他们在互联网协议方面所取得的杰出成就而荣膺美国计算机学会颁发的图灵奖。有人将图灵奖称为“计算机科学界的诺贝尔奖”。2005年11月，乔治·布什总统向卡恩和瑟夫博士颁发了总统自由勋章，这是美国政府授予其公民的最高民事荣誉。

2. 中国互联网之父

中国互联网络信息中心从1997年开始做互联网发展统计调查和大事记，见证了中国互联网的发展。截至目前，互联网用户人数已为第一位。中国互联网的起源和发展，有几个标志性人物不得不提到。

（1）钱天白

1987年9月14日北京计算机应用技术研究所，第一个EMAIL；中国第一封电子邮件："Across the Great Wall, we can reach every cor-ner in the world.（越过长城，走向世界。）"，揭开了中国人使用互联网的序幕，中国互联网进入第一个发展阶段。

1990年11月28日，钱天白代表中国在InterNIC首次注册了我国的顶级域名CN，从此中国有了自己的域名，中国的网络有了自己的标识，钱天白为中国人在互联网上争得了应有的地位，并由此担任了中国域名的第一任行政管理联系人，为CNNIC的成立奠定了基础。由于他对互联网发展的突出贡献，被誉为"中国上网第一人"。

◆钱天白

从1994年的5月21日开始，CN域名服务器落户中国已近20年。CN域名也成为世界上发展最快的国家域名，成为中国企业上网的首选域名。

（2）钱华林

胡启恒院士曾说："互联网进入中国，不是八抬大轿抬进来的，是羊肠小道走出来的。"

1989年国家计委下达了一个项目，由中国科学院牵头、联合北京大学、清华大学，建立中关村地区教育与科研示范网络，简称NCFC工程，打算建立一个超级计算机中心。没想到一不小心，跑题跑出个互联

◆钱华林

网的雏形。

钱华林教授是这个项目的技术牵头人。美国开始不愿意让社会主义国家加入，经过争取和利用一切有可能利用的机会，1994 年 4 月 20 日，美国互联网的主管部门国家科学基金会同意了中国联进 Internet。中国科技网成为我国第一个全功能连入 INTERNET 的互联网单位。中国从这一天开始，被世界正式承认为拥有国际互联网的国家，成为国际互联网大家庭中的第 77 名成员，开创了中国互联网发展的第二个阶段。

（3）刘韵洁

他领导建立了中国最大的商用互联网 CHINANET，开创了中国互联网发展的第三个阶段，即大规模商业应用阶段。

还有一件具有里程碑意义的事，不能不提到。1996 年 3 月，胡道元领导清华大学的科技人员提交了中文编码的汉字统一传输标准，被 IETF 通过为 RFC1922，成为中国国内第一个被 IETF 认可的互联网国际标准。

这些前辈是中国互联网起步和发展的幕后英雄，为互联网的发展作

◆刘韵洁

出了突出的贡献，他们不应该被忘记。

网络安全贴士

虽然美国政府拥有 Internet 的很多权限，但是为了科技的发展，美国本身并没有对网络上的任何行为收取大量的权利金，所以很多的研究机构，可以用很低的成本加入 Internet 技术与服务的研究开发，Internet 也因此得以发展成全世界最广的网络。

所有的服务都是通过 Internet 吗？不是的。

出于安全性的考虑，有些资料，例如金融、电信、国家机密等通常不采用一般的 Internet 网络传输。

世界上存在着各种不同的网络，并不仅限于我们所认识的 Internet，“互联网”只是一个规模最大、最热门，也是最开放的一个。

互联网的特征

互联网作为一种计算机交互技术，是人类迈向地球村坚实的一步，具有全球性、海量性、匿名性、虚拟性等特征。

网络世界的虚拟性

这是有关互联网特性的最基本的问题，决定我们能不能正确认识、科学利用、有效管理互联网。网络世界、虚拟社会的提法，源于美国的互联网基本理论观点，最早由美国电子前沿基金会的约翰·巴洛在1996年发表的《赛博独立宣言》中提出。他所描述的网络世界，完全是游离在现实之外的另一个网络世界。在网络世界，虚拟一词首先是一个技术概念，即虚拟现实。虚拟现实的最初应用，主要是网络游戏，后来又演变出形形色色的虚拟社区。

互联网作为全球化时代的标志性事物，不仅改变着人类对于信息的传播和处理模式，而且也正在构建新的人际交流方式。用户通过互联网这种即时互动的通讯技术在虚拟的网络上多方位地进行交流。这种交流既有以单纯通信为目的的电子邮件以及相关的新闻组和邮件组等；也有结成相对固定的成员、分享信息、观点和服务的“虚拟社区”，如电子公告板或论坛、博客，以及大家共同维护和撰写的维基百科等；还有OICQ，ICQ，MSN等双向聊天工具。

走进学校图书馆和学校电脑室，其中玩游戏和上网聊QQ的人数达到总上网人数的80%以上。另外还有10 %以上在看电影、电视剧。网络交往在学生中占很大比重。因为网络的诸多优点，如网络交往主体自

◆网络改变人类思维

由而平等，内容丰富而生动，方式快捷而方便，角色虚拟而间接……这些对于学生有着致命诱惑力和不可或缺性。

网络的现实性

网络社会是人类给自己创造的另一个社会，是人类给自己设计的一个巨大挑战。它对真实世界进行重塑，在改变世界的同时，也改变了人类的思维、生活方式和对生活的理解。

2006 年 12 月 26 日，中国南海海域（台湾省宜兰外海）连续发生强烈地震，造成中国大陆至台湾、新加坡、东南亚到美国、欧洲等方向的通信线路中断，韩元交易接近瘫痪，香港部分银行外汇交易不能在网络上进行，东南亚地区商业交易陷入混乱，MSN 断线让中国许多中小企业外贸交易蒙受巨大损失。

2008 年初，美国网络流量统计公司 Alexa 再次采取数据清零和调整算法的手段，大幅度削减中国网站流量数据，全球排名前 1000 名的中国网站，有 1/3 被完全清空或大幅降低排名，中国网站遭受巨大信誉和经济损失。

2010 年初，谷歌不负责任地宣布退出中国大陆，让谷歌中国产业链上涉及的数万工作人员面临失业，许多广告代理公司因此遭受巨大损失。

一次断网事故、一次滥用权力，就会造成如此巨大的灾难。

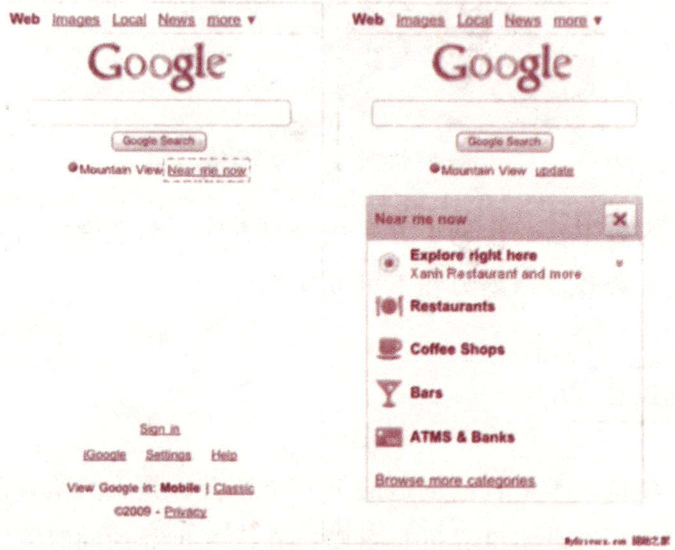

◆谷歌搜索界面

网络安全贴士

科学家创造网络之初只是将其作为一个避险的工具。网络的本身具有着一些固有的特点，我们应更好地利用它，不能反被网络所羁绊而成为网奴。

互联网的功能

网络是一种媒体平台

加拿大著名的传播学家赫伯特·麦克卢汉在《理解媒介》一书中指出，媒介对人的感知有强烈的影响，不同的媒介对不同的感官起作用，比如书面媒介影响视觉，使人的感知成线状结构；视觉媒介影响触觉，使人的感知成三维结构。同时，他也提出，一切媒介都是人体个别器官的延伸，所以电子时代的人再不是分割肢解、残缺不全的人。

◆网络连万家

网络是近年来兴起的媒体，相对于传统的报纸、广播、电视媒体，网络被称为“第四媒体”，互联网兴起后，在许多领域深刻地影响着人们的生活，给人们提供巨大的方便。

土豆网的创始人王微表示：“网络实际上是现实生活的一种反映。在现实生活中，人们去歌厅、去酒吧、和朋友聚会以及外出购物。在网络上，他们也可做同样的事。”

每家中国互联网公司都在提供在线游戏、购物、博客以及公告栏。娱乐在向网络转移，越来越多的年轻人远离了电视媒体。

网络是现代娱乐方式

娱乐就是人类在快乐中学会某种本领的活动，娱乐也是人们学习工作之余的一种生活方式，人类活动的其中一个目标也是娱乐，自人出生的第一天开始，都在进行着娱乐。

从人类诞生到现在，随着科学技术的发展，娱乐方式也处在不断的发展之中，从以前简单的活动到现在的复杂游戏，从以前的体力娱乐到现在的脑力娱乐，娱乐方式变得多种多样。现在，就让我们一起回顾我国人民娱乐方式的变化，包括从传统的娱乐到现在的网络游戏。

对于“80后”来说，从电视“红白机”开始的游戏机到如今的掌上游戏机，电子科技硬件进步的最直接体现，就是休闲游戏方式的变化。而随着网络P2P点对点网络方式、数字音频视频捕捉技术的发展，我国有超过2亿的互联网用户，使得硬件平台上的“数字舞者”数量激增。

《中国互联网调查报告》指出，2007年中国互联网用户数占中国人口总数的13.8%，数量超过2亿，仅次于美国。同时，P2P点对点网络方式也在近几年渐趋成熟。

◆无线路由器

P2P 点对点网络方式，是把每一台电脑都作为服务器，接受服务者在下载信息的同时，又把自己储存的内容提供给别的下载者。

与此同时，“网络电视”也从概念走向成熟，视频分享、电视节目、电影点播等内容平台见诸于网络。谷歌用 16.5 亿美元收购了 You-Tube 网站后，一年之内，国内的网络视频网站数量也激增至目前的 200 多家。YouTube 网站创始人之一的陈士骏表示：“人人都渴望成为明星，人人都渴望交流、分享和获得反馈。新媒体的出现可以让人们学到新知识、发表个人观点、与志趣相投的人分享经验。”

互联网让每个人都成为信息的发布者，而且随着技术的更新，语音、视频、博客、播客（视频分享）成为点对点模式和网络电视的主力内容。除了网络电视提供的实时视频直播、长视频点播两种模式外，“短视频”也备受青睐，超过 2 亿的互联网用户，只要借助 DV、DC、摄像手机等个人产品，都可以成为视频内容的制作者。

◆网络电视之 PPS

网络安全贴士

互联网作为人与人之间互动交流的新平台，包含海量的信息资源，这些资源以文字、图片、视频、语音等形式展现出来，与人们的日常生活很贴近，并且互联网正在成为人们日常生活中不可或缺的一部分。

互联网的影响

互联网是一张无边无际的“网”，内容虽丰富却庞杂，良莠不齐，青少年在互联网上频繁接触西方国家的宣传论调、文化思想等，这使得他们头脑中沉淀的中国传统文化观念和我国主流意识形态形成冲突，使青少年的价值观产生倾斜，甚至盲从西方。长此以往，对于我国青少年的人生观和意识形态必将起一种潜移默化的腐蚀作用，对于国家的政治安定显然是一种潜在的巨大威胁。

◆网络主宰世界未来

互联网使许多同学沉溺于网络世界，脱离现实，也使一些青少年荒废学业。与现实的社会生活不同，青少年面对网上虚拟世界，能够尽早尽快占有各种信息的需要，给人际交往留下了广阔的想象空间，而且不必承担现实生活中的压力和责任。

网络世界使得不少同学宁可整日沉溺于虚幻的环境中而不愿面对现实生活。而无限制地泡在网上将对日常学习、生活产生很大的不利影响，严重的甚至会荒废学业。

网络，一个科技发展的产物，也是信息时代的标志。作为我们中学生，理所应当对其进行追求、探索。

这尽管是一个虚拟的空间，但它的方便、快捷、灵活等多种优点，拓展了我们的知识面，给予了我们敖游的空间。它的出现改变了人们传统的思想方法，在我们的生活中给予了我们极大的帮助；坐在家中即可浏览众多网上图书馆丰富的图书收藏；几秒种内，便可收到相隔万里的来信，在最短的时间内获得各地各种详细的、自己想知道的信息；通过各学校开办的远程教育网了解更多的知识，等等。正由于网络的这些优点，才受到越来越多的青少年的青睐。但又有许多人认为中学生上网弊大于利，的确，网络是一个复杂的东西，它的内部充满各种信息，像反动、色情、暴力，这类鱼龙混杂的东西太多了，中学生自主能力有限，实在难以抵御网络惊人的吸引力。

网络的影响主要有：

首先，网络使人们联系更加便捷，同时具有检测环境的作用。

近年来，寄信、传呼等原来流行的沟通方式已经渐渐淡出了人们的视线，网络使人们的联系摆脱了空间的限制，网上QQ等新的交流方式越来越受到人们的欢迎，足不出户边可联系到所有的亲朋好友；还有些公司在上班时间，老总下通知不必亲自到隔壁的员工办公区域下达，而可以采取腾讯QQ的方式在线传达，既方便快捷，又可以使员工轻松接受，一些表情的不断更新，更具有亲和力和感染力，这样下通知的方式也极具人性化。此外，在日常生活中，人们之间的联系也因为新媒体的不断发展而愈加简便，形式多样。

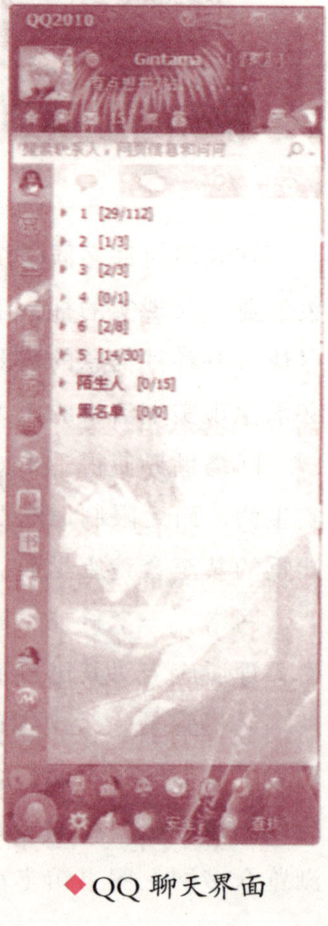

◆QQ聊天界面

其次，网络增强了传播方式的交互性，让大众参与传播成为可能。传统的媒介基本上是单向传播，传者专职传，受者被动接受，正如传播学上的魔弹论的阐述，受众基本上没有参与传播的权利。而随着网络的崛起，这一态势将会改变，网络模糊了传播者和受众之间的绝对界限，每一个人都可以成为传播者，在网络上通过多种方式表达自己的思想，而这种表达与传统传媒诸如报纸相比，少了很多审查程序，给予了受众更多的言论自由空间，这样就极大地调动了受众的积极性，能让受众更好地参与到社会生活的方方面面。

◆无形的网络

最后，网络呈现出多媒体性，以巨大的视觉冲击力满足了受众的浅阅读需求，以更加容易接受的方式给受众提供方便。

众所周知，如今已经进入了“读图时代”，科学技术的飞速发展和生活节奏的日益加快使人们不再热衷于单一的文字表述，网络很好地把握住了受众的这一需求心理，在图片上大做文章，尽量减少大篇幅的密密麻麻文字表述，并且新媒体呈现出多媒体性，新媒体日益成为视听元素的完美结合，传统的新闻不可能将声音、图像、文字或其他的新闻信息结合的这么好，报纸只能突出它的文字性，广播则不能看到，电视能将声音、图像集合在一起但是文字方面又大大欠缺，而网络新闻就不一样，不仅将报纸、广播电视、新闻的优点有机地整合到一起，实现了文字、声音、图像的同期传播，而且在表现形式上多种多样，可以借助网络的技术将一些文字设计成动画、图像、声音等多种多样的表现形式，以一个动态的声像形式展现在受众面前，受众能够更加被吸引，而青少年无疑成为这一受众的主要群体。

在当今生活环境下，网络给对人们提供方便的同时也以更加隐性的方式对人们产生负面效应，这种负面效应主要表现为网络使人原有能力的退化和对人自身的牵制，这种牵制逐渐发展成异化，科技的发展和新媒体更新换代的速度恰恰和异化的程度成正比。主要表现就是：网络综合症。

◆e 世界

几乎每个和网络充分接触过的人都会患上这样一种“病”，长期上网的习惯已经渗透到了主体的潜意识，并形成了一种必须而不能缺失的“集体无意识”，网络让更多的孩子做了“宅男、宅女”，他们将自己的业余时间大都奉献给了虚拟的网络世界。

网络安全贴士

网络的吸引力是无穷的，而中学生的自制力是有限的。

利弊就看你如何正确运用它，以及如何合理安排好时间。如果整天沉溺于电子游戏、聊天肯定是弊；如果充分利用网络这一平台学习，那自然是有益处的。

第二章　网瘾现象不容忽视

陷入网瘾不能自拔

“网瘾”即“互联网成瘾综合征”，英文简称为IAD，属于心理疾病范畴。基本症状是上网时间失控，欲罢不能，可以不吃饭不睡觉，但是不能不上网。患者即使意识到问题的严重性，也仍无法自控。常表现为情绪低落、头昏眼花、双手颤抖、疲乏无力、食欲不振等。

中国青少年网络协会提供的权威数据显示，城市上网小学生比例为25.8%，初中生为30%，高中生为56%，其中，网络成瘾的青少年网民现在已经高达10%～15%，为上网而逃学、离家出走、抢劫甚至猝死网吧的事件也经常发生。

网瘾会让一个人成为“瘾君子”，一旦成了“瘾君子”，那这个人的心理将是黑暗的，心灵也会被扭曲，身体也处于亚健康状态。

网瘾的高发人群多为12～18岁的青少年，以男性居多，男女比例为2∶1，而这个时期的孩子，本身大脑皮层发育不完善，意识也比较弱化，理解判断力差，自控能力也比较差。他们大多都处于青春期，反叛心理严重，对新鲜事物又充满了好奇，寻求刺激、惊险和浪漫，以满足这个阶段的人生需求，而网络出现之后，网络游戏、色情和聊天，恰

◆网瘾

好对应了青少年的心理需求，自然很容易网络成瘾。

网瘾青少年多集中在13～31岁这个年龄段，其中男性占了总人数的89.19%；网瘾患者中，初中以下学历的占45.95%，高中学历的占42.57%，大专生占4.73%，本科生占4.96%。调查还显示，这些网瘾青少年中有66.80%已经休学或退学；他们中绝大多数有5年以上网龄，经常去网吧上网的占了74.32%，64.86%的人曾连续上网5小时以上。89.86%的人上网的主要目的是为玩网络游戏。46.62%的人最喜欢角色扮演的游戏，《梦幻西游》是占用他们游戏时间最长的一款游戏。64.19%的网瘾青少年认为上网行为管理软件并不能够帮助他们更好地控制上网时间。

现在，电脑走入家庭，成为许多孩子的“大玩具”。而一份中国青少年网络协会发布的调查报告显示，所调查的大城市的青少年中，约八成9岁前就开始接触互联网，其中7.1%是网瘾用户，有网瘾倾向的约占5%。而且不少孩子对各种操作非常熟练，互联网在低龄人群中的普及娱乐性渗透，导致孩子和家人朋友之间越来越缺乏沟通，这成了人们

◆沉迷网瘾的少年

担忧的焦点。

网瘾形成机理如同烟瘾、酒瘾、毒瘾一样，同样是操作条件反射形成、巩固、习惯化的过程。上网是操作过程，网上尝到的“甜头”是强化物，上网操作和“甜头”强化物的结合称为强化，多次强化后，便形成了“网瘾”操作性条件反射。网瘾会妨碍学习进步，导致说谎恶习，疏远家庭，损伤网瘾者的身心健康，导致各种慢性疾病发生，并降低个体免疫力。网瘾本身即是一种心理障碍和异常行为，需要诊断、治疗。

案例

小华是一名初二的学生，对上网非常着迷。如果哪一天不上网，他就像丢了魂似的，做什么事情都提不起精神来，因此学习成绩一天不如一天了。

刚升初中时，他的学习成绩排在全班前十五名。初一下学期期末考试中，因为他的数学成绩得了全班第一，春节时爸爸特地买了一台电脑奖励他。刚开始，他用电脑写日记和作文，后来就慢慢喜欢上网了。有好几次，他半夜起来上网聊天和玩游戏，被爸爸妈妈发现了，于是他们就把家里的网线给断了。后来，他就偷偷去网吧上网，因此常常逃课。因为这事，他已经成了老师和爸爸妈妈眼中“最讨厌的人”。有时他也向他们保证不再上网了，可是过不了两天，毛病又犯了。他为此也很烦恼。

一项资料显示，目前我国青少年中有网络依赖症的人数占到总上网青少年人数的15%，人数可能已经超过了244万，令人震惊。

调查显示，“看动漫、电影、下载音乐”、“玩网络游戏”等娱乐活动是青少年上网的主要目的，同时也有超过四成的青少年上网的主要目的之一是学习。但游戏是上网青少年的最爱，而游戏也是网络成瘾的主要原因。

网瘾青少年大都较内向、对别人的情绪较敏感，但适应能力较差，在现实中感到自卑，渴望外界认可又怕被拒绝。其次，有不少网瘾青少年来自单亲家庭，心理上安全感较弱。

一般来说，网瘾对青少年具有如下方面的危害：

☆诱发说谎，隐瞒上网的情况和程度等行为，偷钱或盗用别人账号上网等。

☆造成青少年视力下降、生物钟紊乱、神经衰弱等。不能维持正常

◆沉迷于游戏厮杀

的睡眠周期，停止上网时出现失眠、头痛、注意力不集中、消化不良、恶心厌食、体重下降。

☆会出现品行障碍，诱发孩子逃学、不与人交往、暴躁，产生攻击性等反常行为。一些人甚至会滑向犯罪的深渊。

☆一些学生终日沉迷网络聊天、网络游戏，不但耽误学业，考试挂红灯、留级甚至退学。

☆出现情绪障碍和社会适应困难。在心理方面，会出现注意力不能集中和持久，记忆力减退，对其他活动缺乏兴趣，为人冷漠，缺乏时间感，情绪低落。

☆由于上网时间过长，大脑神经中枢持续处于高度兴奋状态，会引起肾上腺素水平异常增高，交感神经过度兴奋，血压升高，植物神经功能紊乱。此外，还会诱发心血管疾病、胃肠神经官能症、紧张性头痛等病症。

☆很多上网成瘾的孩子与他人甚至是父母的沟通较差，情绪不稳定、易怒、多变、没有自控能力、自己做的承诺不能兑现。

网瘾问题出现低龄化趋势

对于网瘾问题，很多人以为只出现在中学生和大学生身上，其实不然，近年来媒体不断爆出小网民沉迷网络，他们仅仅是小学生，甚至是幼儿园小朋友。

案例

据报道，宝安某小学三年级学生豆豆（化名）每天做作业心不在焉，放学回家第一件事就是开电脑，与同学讨论的几乎都是神龟服套装、庄园大怪物等话题。豆豆也因此学习成绩开始下滑。

从媒体报道的事实可见，网瘾已经向低龄少年儿童侵蚀。他们热衷的不再是传统的跳绳、弹玻璃球等游戏，而是网络上的“偷菜”、打怪物，他们要求父母购买的也是米币、摩尔卡、摩尔游戏攻略等。网游逐渐低龄化、娱乐化的渗透，成为社会关注焦点。

另有数据显示，网瘾问题呈现了低龄化趋势。首先是儿童网民数量

◆摩尔游戏卡

快速增长。据第 26 次中国互联网络发展状况统计报告显示，5 ~ 15 岁中国儿童的网民规模达 8958.2 万人，儿童互联网渗透率 51%，高于全体网民。其次是网瘾青少年快速增长。调查发现，近年来，网瘾青少年数量呈两位数的比例不断增长，且年龄趋于更低。

网络的出现，在改变人们生活方式、促进社会进步的同时，也为社会带来了新的问题——许多青少年上网成瘾，不但影响了他们的学习，而且严重影响了他们正在生长发育的身体，有的孩子甚至误入歧途，自毁他们本该美好的前程。

网络安全贴士

青少年如果需要使用互联网，应在成年亲属陪伴下使用，并让陪伴自己上网的家长了解自己的上网状况和上网内容，决定上网时间。

青少年网瘾的表现

目前，越来越多的青少年网络上瘾令人担忧。青少年专家研究发现，沉迷网络的“易感”学生，一般来说性格内向、父母宠爱、任性、生活方式比较单一，有着强烈的依恋性、情感冷漠、人际交往圈变窄、意志力薄弱等。

案例

小强是一个非常内向的孩子，从小和爸爸妈妈的关系一般，出生后就被送到姥姥家，是姥姥陪伴着长大。小强非常爱姥姥，从小就是一个特别懂事的孩子，学习成绩特别好。初一时爸爸妈妈把小强接回家来住，一开始关系挺好，但是，慢慢地小强发现爸爸妈妈除了吵架就是吵架，而且他们再不过问自己的学习情况，自己的学习成绩也是一落千丈。后来偶然跟几个同学去了网吧，发现那里都是跟自己年龄差不多的学生，在那里能找到快乐，能找到理解自己的人，也能找到成就感。在网上很是自在，慢慢就越来越离不开网络，越来越离不开游戏，小强明知这样下去不好，也听说过很多因网络成瘾自毁前程的人，但是小强怎么也控制不住往网吧跑，因上网需要很多钱，开始时省吃俭用，后来开始偷家里的钱去上网，最严重的一次就是借了爸爸的司机2000元钱去上网，父母知道后就把小强强行送到了一个戒除网瘾训练营，回来后开始感觉很好，也能够去上学，也愿意去学习，但是两周后发现还是想去上网，三周后小强的网瘾完全复发，而且比以前有过之而无不及。

小强知道这样下去不好，对不起姥姥、对不起父母，更对不起自己，但是就是克制不了去上网，不吃不喝也要去，小强的脾气也越来越大，也越来越内向了，对什么都不感兴趣了，完全封闭在网络这个虚拟的世界里面了。

小强从小就离开父母，跟随姥姥长大，这样的孩子没有和父母建立起良好的亲密感，回到父母身边后是非常需要父母的精心照顾和关心的，但是初中回到父母身边后，一开始还能感受到父母的爱和关注，但是后来家庭里就爆发了无休止的战争，孩子这个时候就成了无人管、无人爱、无人关注的人了，本来刚离开姥姥，回到家里就有种失落感，在小强还没有完全适应新的生活环境的情况下，又遇到家庭战争，真是雪上加霜，本来就很脆弱的心灵遭受了重创，在这样的打击下，学习成绩出现下降就很正常了，但是问题出现时没能及时得到解决，孩子的自信受到极大的打击，这时通过网络寻求知音就是自然而然的了。在网络里小强找到了所想要的成就感，他能够在网络里畅快地发泄着自己的不满，发泄着自己的愤怒，小强发现在现实中得不到的东西在网络世界里很容易得到，慢慢地离不开网络了。但小强还是个理性的孩子，知道这样下去的后果，不愿意这样下去，想走出来，但网络就像毒品一样深深地吸引着他，所以小强矛盾、痛苦、焦虑，唯一的办法就是不去面对这些，这样就更加强化了他对网络的依赖。

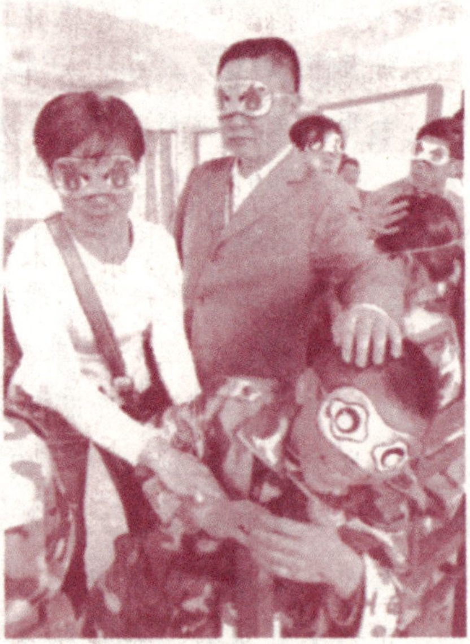

◆网瘾戒除基地

网络成瘾与吸毒一样损害大脑，网络成瘾者的扫描结果与吸毒者近似。一天玩网络游戏 4 小时以上，连续两周即可成瘾。表现如下：

（1）强烈的依恋性

网络成瘾者的心理和行为为上网这一活动所支配，上网也演变为其主要的心理需要，上网时间和精力所占比例逐渐加大，进而导致了个体生物钟的紊乱。

（2）情感冷漠

常言道物以类聚，人以群分，成瘾者往往和网友如胶似漆，关系密切，相比之下对有血肉联系的亲人则显得更为冷漠。

（3）人际交往圈变窄

网络成瘾者都有寻求较高的社会赞许性的愿望，但在现实生活中的交往却遇到了相对较多的困难，从而产生严重的社交焦虑。

（4）意志力薄弱

网络成瘾者虽能意识到过度上网所带来的危害，企图缩短上网时间，但总以失败告终。经过一段时间的强制戒除之后，就会变得焦躁不安，不可抑制地想上网，最后成瘾行为反复发作，并且表现出更为强烈的倾向。

◆谁懂青少年的心思

（5）精神空虚

孩子整天沉迷于网络和游戏，最伤心的是父母。最大的受害者是青少年本人。孩子在父母那里一旦寻求不到这种爱，于是就到网上寻找，他们会用化名和网友聊天、骂人、畅所欲言。

（6）性格不良

除了家庭因素导致精神空虚外，孩子不良的性格也是容易成瘾的重要原因。据观察发现，容易上网成瘾的孩子大多有不良的性格特征，如性格孤独、内向，不愿意与人交往，当心里有了矛盾、苦恼自己无法排解时，他们便上网发泄，因为他们发现，网络是一个很好的倾诉对象：键盘就操纵在自己手上，想看什么就看什么，想说什么就和网友聊什么。很快，他就会迷上网络。

（7）学习的压力

目前我国的教育体制，使孩子们都面临巨大的学习压力，机械地死读书，很容易产生厌学情绪，进而逃课，上网吧，沉迷于网络。

◆学生倾述学习压力的苦恼

网络安全贴士

网络成瘾的判定标准常用的有三个：一是连续一个月以上每天上网玩游戏 4 ~ 6 个小时，严重影响了工作和学习；二是认为上网能得到快乐；三是不上网就会出现躯体症状，如头痛、出汗、烦躁不安等，但一坐到电脑面前，这些症状就立刻消失。

青少年网瘾的危害

一般来说，青少年网瘾有如下方面的危害：

1. 损伤身体

网瘾造成他们的生物钟紊乱、神经衰弱等。不能维持正常的睡眠同期，停止上网时出现失眠、头痛、消化不良、恶心厌食、体重下降、植物神经功能紊乱等症状。此外，还会诱发心血管疾病、胃肠神经官能症、紧张性偏头痛等病症。

◆厌食的孩子

（1）视力受损

长时间上网、打游戏，一玩往往就是十几个小时，与网友们通宵达旦地在网上聊天，这样长时间用眼中途不休息造成了眼睛疲劳，导致视力下降。每年的寒暑假一过，前往医院检查视力的青少年明显增多。

（2）损伤智力

有专家研究表明，网游对于青少年的智力发育是极其不利的。沉迷于网游半年以上，智商会有明显的下降；若是沉迷网游 3 年，智商将下降 10%，也就是说，智力 90 的正常孩子玩网游 3 年，就将变成弱智。

2．人际交往圈变窄

网络成瘾者都有寻求较高的社会赞许性的愿望，但在现实生活中的交往却遇到了相对较多的困难，从而产生了严重的社交焦虑。

3．心理扭曲

有的学生因沉溺于网络游戏，偷同学的钱后被发现，受到老师批评，

◆网络孤独

心理变得扭曲，仇恨老师，疯狂报复，用菜刀将老师活活砍死。

（1）离家出走

常言道物以类聚，人以群分，成瘾者往往与网友如胶似漆，关系密切，相比之下对有血肉联系的亲人则显得更为冷漠。

案例

孙鹏13岁迷上了《梦幻西游》，整日整夜地“泡”在网吧里。去年春节前，他私自拿了2000元离家出走，在外地网吧过了一个星期，钱花得所剩无几的时候才回来。

（2）强烈的依恋性

网络成瘾者的心理和行为为上网这一活动所支配，上网也演变为其主要的心理需要，上网时间和精力所占比例逐渐加大，进而导致了个体生物钟的紊乱。

（3）暴力倾向

同学们在网络游戏的虚拟世界里，不需要面对现实中的挫折，不需要接受社会规范和其他人的监督，可以随心所欲地宣泄情感。长此以往会淡化现实社会规范的要求，给暴力犯罪埋下隐患。

案例一

15 岁的王军（化名）已有 4 年的“网瘾”，经常几天几夜不吃不喝地玩游戏。4 年来，他花在网络游戏上的钱近 20 万元。每次他向父母要钱，不给就揪着父母的头发打，甚至用刀砍伤父亲。现在，父母只好在外面租房子住。

案例二

2011 年，北京某区 17 岁的初中学生李阳（化名），为筹集玩网络游戏的钱款深夜潜入叔叔家，将爷爷、奶奶、叔叔等一家五口杀害，其中一人身中 60 多刀。

案例三

某日晚 6 点钟左右，小陆又像往常一样坐在房间内上网。父亲看到很生气，便把家里的电闸拉掉了。小陆火冒三丈和父亲争吵了起来，找来斧头朝父亲头部猛砸，造成其父严重颅脑外伤后死亡。其母听到争吵后过来劝解，也被斧头砸成重伤，颅骨开放性骨折，眼睛也被挖去。

第二日凌晨 4 时，小陆打电话报警，称其父亲被杀死在家中，母亲倒在地上，浑身是血。民警迅速赶到现场，将伤者送往医院进行抢救。

警方并没有在夫妇二人身上发现任何“抵抗伤”，应是熟人作案，夫妇俩在没有防备的情况下被侵害。警方经现场走访，所有疑点都指向了小陆，随即对他进行审查。小陆最终交代了杀死父亲、重伤母亲的犯罪事实。

（4）意志力薄弱

网络成瘾者虽能意识到过度上网所带来的危害，企图缩短上网时间，但总以失败告终。经过一段时间的强制戒除之后，就会变得焦躁不安，不可抑制地想上网，最后成瘾行为反复发作，并且表现出更为强烈的倾向。

4. 荒废学业

一些同学终日沉迷网络聊天、网络游戏，不但耽误学业，考试挂红灯、留级甚至还会被迫退学。

◆逃课的孩子

网络安全贴士

英国诺丁汉大学心理学专家麦克·格里弗斯博士认为，“过分迷恋上网有损身心健康，严重的会导致心理变态，危害程度不亚于酗酒和吸毒。”“患者的行为与吸毒成瘾类似，一接触因特网就兴奋异常，没机会接触就寂寞难耐。”可见，网瘾问题的心理危害不容小视。

过分迷恋与网上的“人—机”式交往会忽视真实存在的人际关系，使现实人际交往萎缩和角色错位；爆炸般的网络信息的挤压揉搓，会加大心理负担和压力，引发“信息污染综合症”等心理障碍；网络世界的虚拟性也会产生一种“特别自由”的感觉和“为所欲为”的冲动，做一些平时不能做，也明显是不道德的行为；长时间的上网会对网络形成过分依赖心理，成为“电子海洛因”的“吸食者”，染上“上网成瘾症”等心理疾病。

沉迷网游脱离社会

网络游戏英文名称为Online Game，又称“在线游戏”，简称“网游”。指以互联网为传输媒介，以游戏运营商服务器和用户计算机为处理终端，以游戏客户端软件为信息交互窗口的旨在实现娱乐、休闲、交流和取得虚拟成就的具有可持续性的个体性多人在线游戏。

案例

天津市13岁的男孩陈东长期沉迷于网络游戏，他一直把自己想象成了游戏中一个无所不能的英雄，甚至以游戏为背景写了一本8万字的小说。深陷网络世界中不能自拔的陈东无法承受现实世界的压力。一天早上，他留下4份遗书后跳楼自杀。

他在小说中写道：“我又一次来到了第一次死亡的地方，天使憎恶我，塞娜也不愿见我。我被审判，打入地狱，希望我能复活。可是我知道我罪孽深重，我得到了我应有的惩罚。人生本不该如此。”

◆网络游戏

青少年一旦沾上网络，就会出现网络成瘾综合症这种心理障碍，出现一种心理冲突，既想戒网瘾却又身不由己。有的孩子甚至会在矛盾、自责、痛苦中走上极端。

◆人满为患的网吧

案例

小丽是一个在游历网络游戏世界中，不断向顶峰级别疯狂冲刺的女孩。她极度渴望从网络游戏中证明自己的实力、证明自己是永远的第一。

小丽有着优越的家庭背景，父亲是市某局级单位高层干部，母亲是一名教师，居住在静安区高档住宅楼中，原本小丽还就读于市重点中学高二年级。或许在其他花季、雨季的少女心中，小丽的生活可谓事事顺心、样样通达。

小丽中考成绩是班级排名第三，但后来因为自己喜欢打游戏、上课睡觉、高中考试成绩一下子跌落到倒数第二，这让她感到很失落，随后又和老师起了争执，便不去上课，在家里专修游戏。现在的她对学习感到厌烦，不再想回到痛苦的高中生活，喜欢和网络中的游戏伙伴结队冲级。社工听到这些话后感到很惋惜，小丽高二时遇到了较大的挫折，引以为傲的学习成绩受到了重重的打击，然而父母、老师更多的是指责、教训她，深深损伤着小丽的自尊心、加深了小丽对学习的消极态度，从而到网络中寻求自己的骄傲。

小丽陷进了虚拟网游漩涡中，对网络游戏的依赖与沉迷，使她三餐不食、不出房门、人形消瘦，美好的青春被她消耗在网游中。小丽的父母曾经选择过教训、劝导、强制等方法企图使女儿有所转变，但小丽会选择离家出走来对抗父母的管束。父母感到束手无策，对女儿充满了担忧、失望。渐渐的也开始习惯她每天沉浸游戏世界的状态了。

网络安全贴士

网络的全面覆盖减少了人们的运动，把人们局限在很小的范围里，变得更加自闭。

青少年应适当控制上网休闲的时间，扩大自己的生活圈子，广交朋友，寻找更多健康、积极的娱乐休闲方式。

戒除网瘾回到现实

娱乐不能依赖网络

网络占据了青少年大部分休闲时间，生活基本上被“网”住，没有其他娱乐休闲方式。当问到“如果不上网，都会干些什么”时，80%的人感觉很茫然，无所适从。

案例

小雪染上网瘾后，母亲为她的糟糕生活苦恼不已。无奈之下，母亲把这一情况告诉了青少年社工，请求帮助。前几次的见面，小雪都以不同方式抗拒社工的进入，她会把被子蒙到头顶、会把游戏耳机的声音开得很高，不让社工有机会和她沟通。但这些方式都没有让社工退缩，社工对她某些无理的行为不予指责，还注意观察她好的方面，比如游戏操作的灵巧度、方位计算的准确、对电脑操作自如等，渐渐跟小雪开始了简短的交流，并进而尝试去探索她退学的原因。社工了解到小

◆走出户外防治网瘾

雪的症结后，决心帮助这个聪慧、单纯、直率的女孩拉回到现实的多彩生活中，帮助她重新找回信心。

在父母配合下，社工鼓励小雪参加职业中专班学习，并一再解释学习的课程不会太难、也不会有太多的课后练习；同时还达成协议，若她坚持上学，每天可以上网到晚上11点。

在社工持续一年的循循善诱下，小雪重新找到了她的发展目标，提前考取了空乘大专班，从每次尝试提升自我到享受成功中，小雪重新认识到了自己的能力、燃起了进取的斗志，自主结束了上网游戏的生活，开始规划她美好的未来。

很多孩子把网络作为主要休闲娱乐方式的原因很多：首先，网络可以提供多种休闲娱乐方式，简单方便，在家就可以进行，通过上网不但可以了解很多最新资讯，还可以看电影、玩游戏、写博客等。其次，白天上学，压力大，感觉很压抑，放学后通过网络玩游戏、聊天、写博客尽情释放自己，觉得很自由、放松。

如果因故不能上网，自己便不知所措，其他的什么都不想干，而且长期过度依赖网络生活，将会影响身心健康。

要多抽空陪陪家人和同学

上网休闲虽然能得到一定程度的放松和发泄，但由于缺乏人际交流，感觉情绪很浮躁。网络休闲娱乐远离现实社会，人际交流少，不利于心理健康。

目前，通过网络这种形式进行娱乐休闲，大部分原因是因为学习压力太大，往往选择网络作为“避难所”，把生活中遇到的问题转向网络寻求支持和解决，忽视与同学、亲人的沟通和交流，离开网络后便感觉孤独、茫然、无所适从。此外，长期沉浸在网络世界里，被动接受信息，

◆家庭和睦的孩子不易患网瘾

主动思考少，长此以往，脑子就不“灵”了。

◆减轻学习压力是孩子们的心愿

网络安全贴士

休闲娱乐方式比较单一，长期依赖网络生活，容易影响心理健康。青少年应适当控制上网休闲时间，寻找更多健康、积极的娱乐休闲方式，学习之余可以阅读一些内容轻松的书籍，抽空与父母家人聊天，多参加一些人际交往类活动。

戒瘾做到“四不要”

网瘾已经成为全球青少年十大安全问题之一，如何正确对待无孔不入的网络社会对青少年的影响，无疑是全社会面临的一道难题。研究网瘾的专家认为，导致孩子出现网瘾的根源在家庭。一项调查显示，家庭高压、严要求和缺乏情感温暖易致孩子染上网瘾。

案例

17岁少年小新因沉浸在网络里，学习成绩陡然下降。初中还没有毕业便辍学。

小新的妈妈担心儿子整天沉迷于网吧，就让他照看家里的台球桌。小新把看台球桌挣的钱拿去上网。后来家里不再提供上网的钱，他想到了偷。后来，小新偷了爸爸2000多元在网吧待了一个星期。父亲的一顿打骂对小新来说已经不起任何作用。仅仅几天后，上网的欲望又像虫子一样噬咬着他的心。此时，想起爸爸说过爷爷那儿有4000多块钱，就想去偷爷爷的钱。一日中午他就去爷爷家，晚上时看爷爷奶奶都已经睡了，就去翻，又怕把奶奶吵醒了，就用菜刀把奶奶当场砍死。睡梦中的奶奶倒在了血泊中，响声惊动了爷爷。不顾一切的小新又将菜刀砍向了他。爷爷受伤后逃出家门。小新翻箱倒柜也没有找到那4000元钱，只在奶奶兜里找到了两元钱。事后，小新的爷爷说，那是奶奶为孙子准备的早点钱。小新捏着两元钱在村口的一个洞里躲了起来。思来想去，还是投案自首了。

小新在看守所里最想念的就是九泉之下的奶奶。奶奶从小最疼爱他，有什么好吃的都惦记着他。他当时只想着拿到钱后就去网吧，根本没想后果。后来他说："如果让我在上网和奶奶之间重新选择，我肯定选择奶奶。"

想要知道自己有没有"网瘾"，可通过5个表现来识别：

☆每天上网超过8小时以上，且越来越长，无法自控、特别是晚上，常至深夜。

☆行为反常，如视力下降、生物钟紊乱、神经衰弱等，逃学、废寝忘食、不与人交往，对人冷漠、暴躁、关机后急躁不安。

☆经常在网上与陌生人聊天、通电话、约会等。

☆电脑里常出现暴力、色情、赌博等图片。

☆有说谎隐瞒上网的情况及程度等行为。

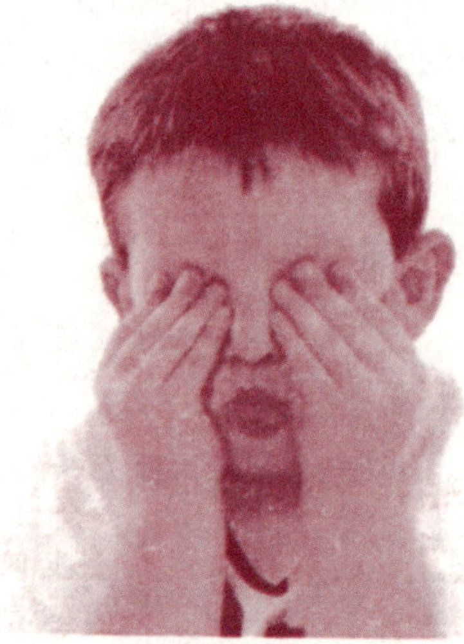

◆眼痛

一般来说，预防是最好的挽救措施，不要等到上网成瘾了，才去想办法戒除。不妨从以下四方面入手：

（1）不要绝望

要相信问题会解决好，这是解决问题的前提和基础。永远也不要放弃，没有改不好的习惯，只有不正确的方法。

（2）不要迷信

不能只相信某一个人，而不相信其他志愿者，甚至怀疑志愿者。戒除孩子网瘾要靠全社会的力量，包括家长、老师、志愿者和一切有社会责任感的有识之士。

（3）不要急功近利，要求马上见到效果

任何事情的解决都需要一个过程，更何况网瘾是多种因素作用的结果。

（4）不要以成年人去看待

人在成长过程中，会经历很多曲折，上网成瘾仅仅是人生长河中的一段而已。

网络安全贴士

青少年在接触网络前就要明白：网络就像字典一样是我们学习和工作的工具,而不是玩具。要正确利用好这个最新、最先进的工具，而不仅仅把它作为一个高级玩具来玩。戒除网瘾首先要改变、提高认识，然后才能使你自己产生改变的行动。

☆为你的愿望服务，使你的梦想长大，成为一棵树。

☆如果你是在家上网，那么，你就给闹钟定时，让它来提醒你。如果你是在网吧，那么，就少交钱，给自己定时。

☆在家上网，把你的电脑放到家中的公共区中，如客厅。让大家来监督自己。

☆每次上网前。都抱定自己的目的是什么，定下自己的时间。完成这个目的，就下线。并想好另一件要办的事情。

☆戒网瘾主要靠的就是自己的意志力。如果指挥不动自己的身体，控制不住自己的欲望，想想你的希望又在哪里。

☆看看那些深受网瘾毒害之人的案例，你会自觉远离网络。

第三章　网络安全的问题

网络病毒不可疏忽

计算机病毒是一种人为编制的一组程序代码或指令集合，潜伏在计算机程序系统中，在一定条件下被激活，能够破坏计算机功能或者破坏数据，影响计算机使用，并通过存储器和网络传播自我复制传播和扩散。因为这种程序有着类似生物病毒的繁殖、传染和潜伏等特点，所以人们称之为“计算机病毒”。

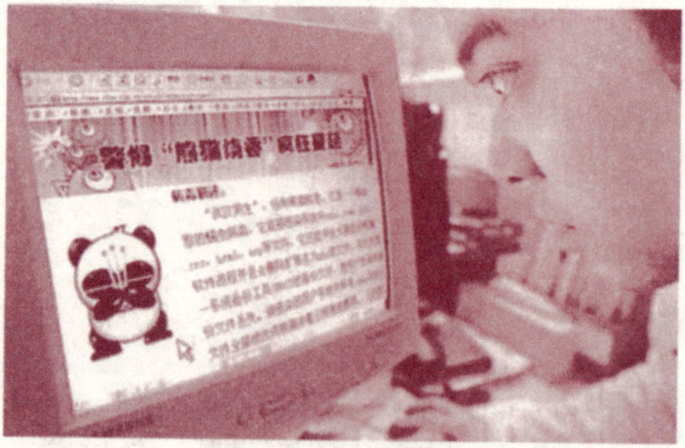

◆熊猫烧香病毒

计算机病毒的特点

1．隐蔽性

一般隐藏在操作系统、可执行文件和数据文件中，不易被发现。

2．传染性

病毒程序一旦进入计算机，通过修改别的程序，把自身的程序拷贝进去，从而达到扩散的目的，使计算机不能正常工作。

3．潜伏性

计算机病毒能够潜伏在正常的程序之中，当满足一定条件时被激活（病毒发作）。

4．可激发性

一般都具有激发条件，如时间、日期、特定的用户标识、特定文件的出现和使用、某个文件被使用的次数或某种特定的操作等。

5．破坏性

这是计算机病毒的最终目的，通过病毒程序的运行，实现破坏行为。

计算机病毒的主要危害

☆删除或修改磁盘上的可执行程序和数据文件，使之无法正常工作。

☆修改目录或文件分配表扇区，使之无法找到文件。

☆对磁盘进行格式化，使之丢失全部信息。

☆病毒反复传染，占用计算机存储空间，影响计算机系统运行效率。

☆破坏计算机的操作系统，使计算机不能工作。

计算机感染病毒的表现

☆屏幕显示出现不正常，如出现异常图形、显示信息突然消失等。

☆系统运行不正常，如系统不能启动、运行速度减慢、频繁出现死机现象等。

☆磁盘存储不正常，如出现不正常的读写现象、空间异常减少等。

☆文件不正常，如文件长度出现丢失，加长等。

网络安全贴士

由于计算机的应用已经深入到人们的生活、工作等各个方面，所以必然会存在使用计算机的道德规范问题。我们必须培养信息道德和提高知识产权及软件保护意识。

同学们应该具有高尚的道德情操，养成良好的使用计算机的道德规范，遵守使用计算机的安全制度，未经许可不擅自使用他人的计算机，拒绝不健康和有害信息，自觉抵制盗版软件，不制作和有意传播计算机病毒。要同各种计算机犯罪行为作坚决的斗争。

计算机病毒的种类

计算机病毒都有哪些呢？一般来说，同学们可以参见如下几种病毒种类以便防患于未然。

木马

木马是一种带有恶意性质的远程控制软件。木马一般分为客户端和服务器端。客户端就是本地使用的各种命令的控制台，服务器端则是要给别人运行，只有运行过服务器端的计算机才能够完全受控。木马不会像病毒那样去感染文件。

“木马”程序是目前比较流行的病毒文件，与一般的病毒不同，它不会自我繁殖，也并不刻意地去感染其他文件，它通过将自身伪装吸引用户下载执行，向施种木马者提供打开被种者电脑的门户，使施种者可以任意毁坏、窃取被种者的文件，甚至远程操控被种者的电脑。“木马”与计算机网络中常常要用到的远程控制软件有些相似，但由于远程控制软件是“善意”的控制，因此通常不具有隐蔽性；“木马”则完全相反，木马要达到的是“偷窃”性的远程控制，如果没有很强的隐蔽性的话，那就是“毫无价值”。

◆木马病毒入侵电脑

一个完整的“木马”程序包含了两部分：“服务器和控制器”。植入被种者电脑的是服务器部分，而所谓的“黑客”正是利用控制器进入运行了服务器的电脑。运行了木马程序的服务器以后，被种者的电脑就会有一个或几个端口被打开，使黑客可以利用这些打开的端口进入电脑系统，安全和个人隐私也就全无保障了。

◆制作木马病毒的犯罪分子

蠕虫病毒

蠕虫病毒，也称莫里斯蠕虫，源自一种在网络上传播的病毒。1988年，22岁的康奈尔大学一年级研究生罗伯特·莫里斯编写了只有99行的程序，专为攻击UNIX系统缺陷、名为“蠕虫”的病毒，通过网络发送后用finger命令查联机用户名单，然后破译用户口令，用MAIL系统复制、传播本身的源程序，再编译生成代码。这个病毒造成了6000个系统瘫痪，估计损失为200万～6000万美元。

由于这只蠕虫的诞生，在网上还专门成立了计算机应急小组。

最初的网络蠕虫设计目的是当网络空闲时，程序就在计算机间“游荡”而不带来任何损害。当有机器负荷过重时，该程序可以从空闲计算机“借取资源”而达到网络的负载平衡。而莫里斯蠕虫不是“借取资源”，而是“耗尽所有资源”。

现在蠕虫病毒家族已经壮大到成千上万种，并且大都出自黑客之手。

◆蠕虫病毒

操作系统病毒

这种病毒会用它自己的程序加入操作系统进行工作，具有很强的破坏力，会导致整个系统瘫痪。并且由于感染了操作系统，这种病毒在运行时，会用自己的程序片段取代操作系统的合法程序模块。

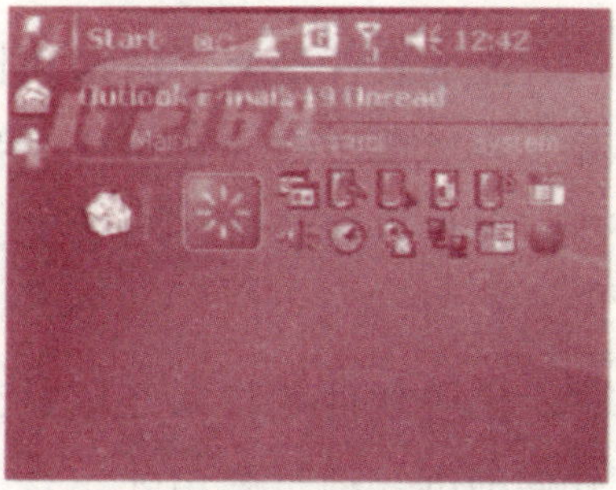

◆操作系统病毒

根据病毒自身的特点和被替代的操作系统中合法程序模块在操作系统中运行的地位与作用，以及病毒取代操作系统的取代方式等，对操作系统进行破坏。同时，这种病毒对系统中文件的感染性也很强。

DDoS

DDoS 也就是分布式拒绝服务攻击。它使用与普通的拒绝服务攻击同样的方法，但是发起攻击的源是多个。通常攻击者使用下载的工具渗透无保护的主机，当获取该主机的适当的访问权限后，攻击者在主机中安装软件的服务或进程（以下简称代理）。这些代理保持睡眠状态，直到从它们的主控端得到指令，对指定的目标发起拒绝服务攻击。

随着危害力极强的黑客工具的广泛传播使用，分布式拒绝服务攻击可以同时对一个目标发起几千个攻击。单个的拒绝服务攻击的威力也许对带宽较宽的站点没有影响，而分布于全球的几千个攻击将会产生致命的后果。

流氓软件

流氓软件是介于病毒和正规软件之间的软件，同时具备正常功能下载、媒体播放等和恶意行为弹广告、开后门，给用户带来实质危害。

根据不同的特征和危害，困扰人们的流氓软件主要有如下几类：

1．广告软件

广告软件是指未经用户允许，下载并安装在用户电脑上；或与其他软件捆绑，通过弹出式广告等形式牟取商业利益的程序。

此类软件往往会强制安装并无法卸载；在后台收集用户信息牟利，危及用户隐私；频繁弹出广告，消耗系统资源，使其运行变慢等。

例如，用户安装了某下载软件后，会一直弹出带有广告内容的窗口，干扰正常使用。还有一些软件安装后，会在浏览器的工具栏位置添加与其功能不相干的广告图标，普通用户很难将其清除。

2．间谍软件

间谍软件是一种能够在用户不知情的情况下，在其电脑上安装后门、收集用户信息的软件。

用户的隐私数据和重要信息会被后门程序捕获，并被发送给黑客、商业公司等。这些后门程序甚至能使用户的电脑被远程操纵，组成庞大的僵尸网络，这是目前网络安全的重要隐患之一。

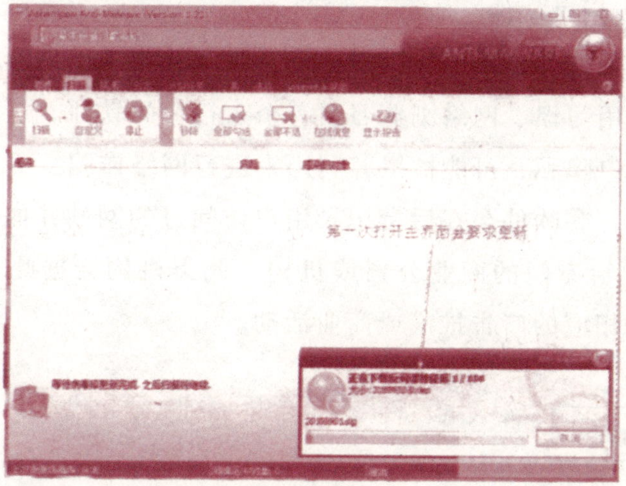

◆间谍软件

例如，某些软件会获取用户的软硬件配置，并发送出去用于商业目的。

3．恶意共享软件

恶意共享软件是指某些共享软件为了获取利益，采用诱骗手段、试用陷阱等方式强迫用户注册，或在软件体内捆绑各类恶意插件，未经允许即将其安装到用户机器里。

强迫用户进行注册，否则可能会丢失个人资料等数据。软件集成的插件可能会使用户浏览器被劫持、隐私被窃取等。

例如，用户安装某款媒体播放软件后，会被强迫安装与播放功能毫不相干的软件搜索插件、下载软件而不给出明确提示；并且用户卸载播放器软件时不会自动卸载这些附加安装的软件。

又比如某加密软件，试用期过后所有被加密的资料都会丢失，只有交费购买该软件才能找回丢失的数据。

随着网络的发展，流氓软件的分类也越来越细，一些新种类的流氓软件在不断出现，分类标准必然会随之调整。

4. 行为记录软件

行为记录软件是指未经用户许可，窃取并分析用户隐私数据，记录用户电脑使用习惯、网络浏览习惯等个人行为的软件。

危及用户隐私，可能被黑客利用来进行网络诈骗。

例如，一些软件会在后台记录用户访问过的网站并加以分析，有的甚至会发送给专门的商业公司或机构，此类机构会据此窥测用户的爱好，并进行相应的广告推广或商业活动。

浏览器劫持

浏览器劫持是一种恶意程序，通过浏览器插件、浏览器辅助对象等形式对用户的浏览器进行篡改，使用户的浏览器配置不正常，被强行引导到商业网站。

在浏览网站时会被强行安装此类插件，普通用户根本无法将其卸载，被劫持后，用户只要上网就会被强行引导到其指定的网站，严重影响正常上网浏览。

例如，一些不良站点会频繁弹出安装窗口，迫使用户安装某浏览器插件，甚至根本不征求用户意见，利用系统漏洞在后台强制安装到用户电脑中。这种插件还采用了不规范的软件编写技术，此技术通常被病毒使用来逃避用户卸载，往往会造成浏览器错误、系统异常重启等。

网络欺骗攻击类型

网络欺骗的技术主要有：HONEYPOT 和分布式 HONEYPOT、欺骗空间技术等。主要方式有：IP 欺骗、ARP 欺骗、DNS 欺骗、WEB 欺骗、电子邮件欺骗、源路由欺骗、地址欺骗等。

◆中毒的电脑

1. ARP 攻击

ARP 协议的基本功能就是通过目标设备的 IP 地址，查询目标设备的 MAC 地址，以保证通信的进行。基于 ARP 协议的这一工作特性，黑客向对方计算机不断发送有欺诈性质的 ARP 数据包，数据包内包含有与当前设备重复的 MAC 地址，使对方在回应报文时，由于简单的地址重复错误而导致不能进行正常的网络通信。一般情况下，受到 ARP 攻击的计算机会出现两种现象：

☆不断弹出“本机的 XXX 段硬件地址与网络中的 XXX 段地址冲突”的对话框。

☆计算机不能正常上网，出现网络中断的症状。

因为这种攻击是利用 ARP 请求报文进行“欺骗”的，所以防火墙会误以为是正常的请求数据包，不予拦截。因此普通防火墙很难抵挡这种攻击。

2．后门

后门是指一种绕过安全性控制而获取对程序或系统访问权的方法。在软件的开发阶段，程序员常会在软件内创建后门以便可以修改程序中的缺陷。如果后门被其他人知道，或者在发布软件之前没有删除，那么它就成了安全隐患。

3．入侵检测

入侵检测是防火墙的合理补充，帮助系统对付网络攻击，扩展系统管理员的安全管理能力（包括安全审计、监视、进攻识别和响应），提高信息安全基础结构的完整性。它从计算机网络系统中的若干关键点收集信息，并分析这些信息，检查网络中是否有违反安全策略的行为和遭到袭击的迹象。

4．数据包监测

数据包监测可以被认为是一根窃听电话线在计算机网络中的等价物。当某人在“监听”网络时，他们实际上是在阅读和解释网络上传送的数据包。如果你需要在互联网上通过计算机发送一封电子邮件或请求一个网页，这些传输信息时经过的计算机都能够看到你发送的数据，而数据包监测工具就允许某人截获数据并且查看它。

5．NIDS

NIDS 是网络入侵检测系统的缩写，主要用于检测 HACKER 和

CRACKER 通过网络进行的入侵行为。NIDS 的运行方式有两种，一种是在目标主机上运行以监测其本身的通信信息，另一种是在一台单独的机器上运行以监测所有网络设备的通信信息，比如 HUB、路由器。

6. SYN 包

TCP 连接的第一个包，非常小的一种数据包。SYN 攻击包括大量此类的包，由于这些包看上去来自实际不存在的站点，因此无法有效进行处理。

网络安全贴士

大多数的蠕虫类病毒是通过 Microsoft Outlook 或 Outlook Express 进行传播的。同学们，如果你们用的正是 Outlook，建议最好到微软站点下载最新的安全补丁，以便有效地提升系统的安全性。必要时可以使用第三方邮件程序取代 Outlook Express，如 Foxmail、The Bat 等，由于它们的地址薄与 Outlook Express 不同，所以被病毒利用的可能性比较小。

网络安全使用常识

安装更新防病毒软件

同学们，如果你的电脑上没有安装病毒防护软件，你最好还是安装一个。如果你第一次启动防病毒软件，最好让它扫描一下你的整个系统。干净并且无病毒问题地启动你的电脑是很好的一件事情。通常，防病毒程序都能够设置成在计算机每次启动时扫描系统或者在定期计划的基础上运行。一些程序还可以在你连接到互联网上时在后台扫描系统。

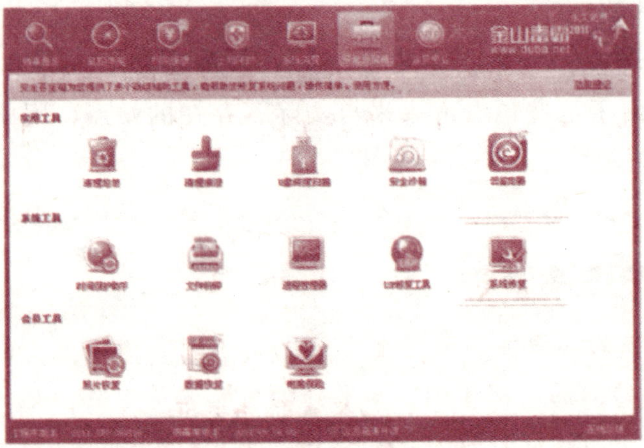

◆杀毒软件

定期扫描系统是否感染有病毒，最好成为你的习惯。

既然你安装了病毒防护软件，就应该确保它是最新的。一些防病毒程序能自动连接到互联网上，并且只要软件厂商发现了一种新的威胁就会添加新的病毒探测代码的功能。你还可以在此扫描系统查找最新的安全更新文件。

如果安装的杀毒软件具备扫描电子邮件的功能，比如“Web过滤器”、Web安全”和“POP3扫描”等，尽量将这些功能全部打开，其他的杀毒软件也必须打开类似的网络过滤扫描功能。另外，现在的病毒发展速度越来越快，通过网络传播的时间越来越短，因此必须及时升级更新杀毒软件的病毒库和扫描引擎。

现在国内的杀毒软件都推出了清除某些特洛伊木马的功能，可以不定期地在脱机的情况下进行检查和清除。另外，有的杀毒软件还提供网络实时监控功能，这一功能可以在黑客从远端执行用户机器上的文件时，提供报警或让执行失败，使黑客向用户机器上载可执行文件后无法正确执行，从而避免了进一步的损失。

加密技术

加密技术是最常用的安全保密手段，利用技术手段把重要的数据变为乱码（加密）传送，到达目的地后再用相同或不同的手段还原（解密）。

加密技术包括两个元素：算法和密钥。算法是将普通的信息或者可以理解的信息与一串数字（密钥）结合，产生不可理解的密文的步骤，密钥是用来对数据进行编码和解密的一种算法。在安全保密中，可通过适当的密钥加密技术和管理机制来保证网络的信息通信安全。

防火墙

防火墙是一种确保网络安全的方法。

防火墙是指设置在不同网络（如可信任的企业内部网和不可信的公共网）或网络安全域之间的一系列部件的组合。它是不同网络或网络安全域之间信息的惟一出入口，能根据企业的安全策略控制（允许、拒绝、监测）出入网络的信息流，且本身具有较强的抗攻击能力。它是提供信息安全服务、实现网络和信息安全的基础设施。

通过安装网络防火墙，可以有效地实现计算机与外界信息的过滤，实时监控网络中的信息流，保护本地计算机不被病毒或者黑客程序破坏。

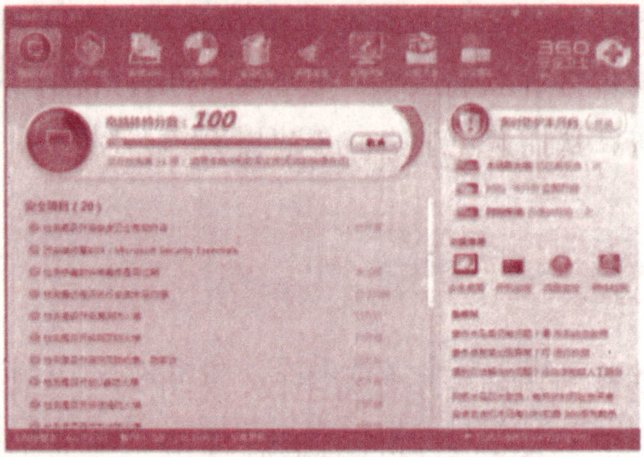

◆360 安全卫士

网络安全贴士

要想真正做到“上网无忧，安全冲浪”，同学们应该安装个人防火墙和病毒防火墙、及时更新杀毒软件、使用安全合理的密码口令、不随意下载和运行不明软件。当然，最后一点要经得住一些恶意网站的诱惑。只有养成良好的上网习惯，才能保证“防黑于未然”，从而给我们营造一个安全的浏览环境。

不怕攻击的安全绝招

邮件附件要小心

如果是使用 Outlook Express 作为邮件的收发程序，为了尽量避免邮件病毒的威胁，建议在“选项”中的“发送”设置中，选择使用“纯文本”格式发送电子邮件，要知道，现在大部分流行的邮件收发工具都支持以 HTMl。方式撰写新邮件，而使用“纯文本”格式发送邮件，不但可以有效防止无意中被植入恶意的 HTML 代码，同时也可以减少邮件体积，加快发送速度。

◆屏蔽有病毒的电脑

1．不要直接运行附件

对于文件扩展名很怪的附件，或者是带有脚本文件如．vbs、．shs 等的附件，千万不要直接打开，一般可以删除包含这些附件的电子函件，以保证计算机系统不受计算机病毒的侵害。

2．邮件设置

如果是使用 Outlook 作为收发电子邮件软件的话，应当进行一些必要的设置。选择“工具”菜单中的“选项”命令,在“安全”中设置“附件的安全性”为“高”；在“其他”中按“高级选项”按钮，按“加载项管理器”按钮，不选中“服务器脚本运行”。最后按“确定”按钮保存设置。

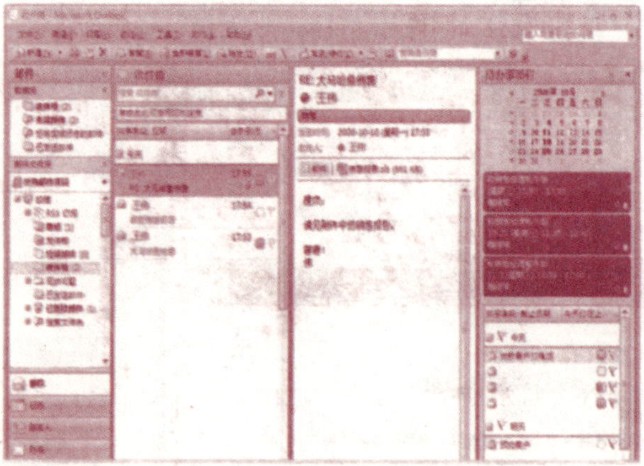

◆Outlook 操作界面

3. 不要轻易执行附件中的后缀为 exe 和 com 等可执行程序

这些附件极有可能带有计算机病毒或是黑客程序，轻易运行，很可能带来不可预测的结果。对于认识的朋友和陌生人发过来的电子函件中的可执行程序附件都必须检查，确定无异后才可使用。

4. 不要轻易打开附件中的文档文件

对方发送过来的电子函件及相关附件的文档，首先要用“另存为”命令保存到本地硬盘，待用查杀计算机病毒软件检查无毒后才可以打开使用。如果用鼠标直接点击两下 DOC、XLS 等附件文档，会自动启用 Word 或 Excel，如有附件中有计算机病毒则会立刻传染；如有“是否启用宏”的提示，那绝对不要轻易打开，否则极有可能传染上电子函件计算机病毒。

5. 警惕发送出去的邮件

对于自己往外传送的附件，也一定要仔细检查，确定无毒后，才可发送。虽然电子函件计算机病毒相当可怕，只要防护得当，还是完全可以避免传染上计算机病毒的，仍可放心使用。

通过以上对蠕虫病毒的种种描述及其爆发的症状，相信大家已经对其有了较深的理解。由于蠕虫病毒是通过网络传播的，在如今网络高度发达的时期，蠕虫病毒是防不胜防的，我们只有筑好自己电脑上的防火墙和养成良好的上网习惯，才能把危害降到最低。

删除上网浏览后的痕迹

我们在上网浏览信息时，浏览器会把我们在上网过程中浏览的信息保存在浏览器的相关设置中，这样下次再访问同样信息时可以很快地达到目的地，从而提高了我们的浏览效率。但是浏览器的缓存、历史记录以及临时文件夹中的内容保留了我们太多的上网记录，这些记录一旦被那些无聊的人得到，他们就有可能从这些记录中寻找到有关个人信息的蛛丝马迹。为了确保个人信息资料的绝对安全，我们应该定期清理缓存、历史记录以及临时文件夹中的内容。

具体的操作方法是：首先用鼠标单击菜单栏中的“工具”菜单项，并从下拉菜单中选择“Internet 选项”；接着在选项设置框中选中“常规”标签，并单击标签中的“删除文件”按钮来删除浏览器中的临时文件夹中的内容；然后在同样的对话框中单击“清除历史记录”按钮来删除浏览器中的历史记录和缓存中的内容。

1. 经常清除已浏览网址

一般情况下，IE 会把我们访问过的网页放在注册表中，这样你只要按一下地址栏的下拉菜单，已访问过的站点就会尽在眼前了。这虽然能够给你带来很大的方便，但是别人也可能很容易看到你访问的网站。如果不想让其他人知道你已经访问过的网站，只要用鼠标右键单击桌面上的IE图标，然后选择“工具”→“Internt属性”命令，在“常规”标签下单击历史记录区域的“清除历史记录”按钮，IE会弹出“是否确实要让Windows删除已访问过网站的历史记录？”，确认这个警告消息就行了。

通过上面的操作后，所有访问过的网站都会删除掉。如果你只想清除部分记录，可以单击浏览器工具栏上的“历史”按钮，在右栏的地址历史记录中，用鼠标右键选中某一希望清除的地址或其下一网页，选取“删除”即可。

2. 清除已访问网页

为了加快浏览速度，IE会自动把你浏览过的网页保存在缓存文件夹。

当你确信已浏览过的网页不再需要时，可以直接进入该文件夹下，然后选中所有的网页，删除即可。当然，使用Windows 2000/NT/XP的用户可能会因登录用户的不同而发现查找Temporary Internet Files下的文件比较麻烦，这时大家也可以选择IE中“工具”→“Internt属性”命令，然后在“常规”标签下单击“Internet临时文件”项目的“删除文件”按钮，同样接受弹出警告窗口，单击“确定”按钮就可以把这些文件删除了。

◆清除浏览记录

其实这种方法不太彻底，会留少许Cookies在文件夹内。在IE 6.0中，“删除文件”按钮旁边还有一个“删除Cookies”按钮，通过它可以很方便地删除遗留的Cookies。

网络安全贴士

同学们可以通过一些相关设置，使浏览器能够自动拒绝一些网站发出的某些对自己有安全威胁的指令。

具体操作办法是：首先用鼠标单击菜单栏中的“工具”菜单项，并从下拉菜单中选择“Internet 选项”；接着在选项设置框中选中“安全”标签，并单击标签中的“请为不同区域的Web内容指定安全设置”按钮；同时在打开的“安全设置”对话框中单击“受限站点”图标，接着单击“受限站点”右边的“站点”按钮，将需要限制的站点的地址添加进去，完成站点地址的添加工作以后，单击“确定”按钮，浏览器将对上述的受限站点起作用。

电脑病毒预防为先

随着计算机的普及和应用的不断发展，必然会出现更多的计算机病毒，这些病毒将会以更巧妙、更隐蔽的手段来破坏计算机系统的工作，因此每个人必须认识到计算机病毒的危害性，了解计算机病毒的基本特征，增强预防计算机病毒的意识，掌握清除计算机病毒的操作技能，在操作计算机过

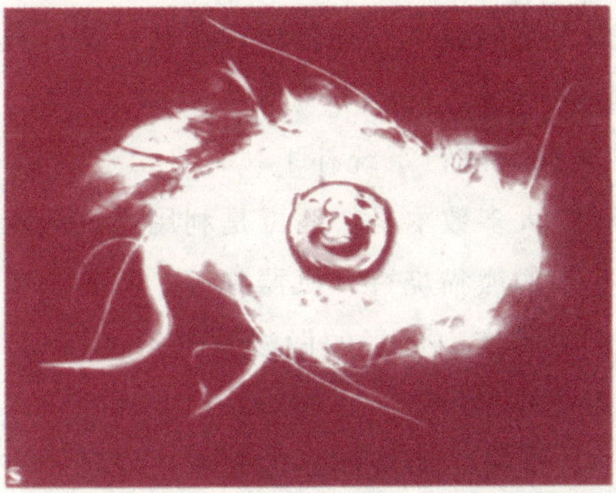

◆网络漏洞

程中自觉遵守各项规章制度，保证计算机的正常运行。

病毒勤检查

1．静态检查

定期用几种不同的杀毒软件对磁盘进行检测，以便发现病毒并能及时清除；对于一些常用的命令文件，应记住文件的长度，一旦文件改变，则有可能传染上了病毒。

传统的杀毒软件对木马和流氓软件的防范效果并不尽如人意。因此，即便是使用正版杀毒软件的同学，也应该定期进行扫描，通过对系统进程、可疑文件的分析判断，尽可能地杜绝可能存在的威胁。另有一些常用的安全工具也具备木马和流氓软件的防杀功能，如木马杀客、超级兔子等。

2．动态检查

在操作过程中，要注意种种异常现象，发现情况要立即检查，以判别是否有病毒。常见的异常有：异常启动或经常死机；运行速度减慢；内存空间减少；屏幕出现紊乱；文件或数据丢失；驱动器的读盘操作无法进行等。

3．进行系统补丁

大多数木马、病毒是利用系统漏洞加以传播和进行破坏的，像人们熟知的熊猫烧香、机器狗等，与其中了招事后查杀，还不如先打好补丁来得踏实。常规的做法是开启 Windows 的自动更新，及时安装最新的系统补丁。

此外，游戏网站的漏洞造成了相当数量的用户感染木马病毒，简便的方法是使用专业的网络安全工具进行漏洞修复，像人们常用的 360 安全卫士、超级兔子以及卡卡安全助手等，都具备这一功能。

网页浏览要小心

1．安全浏览省烦恼

很多同学在有心或无意间访问某些网页后会发现，浏览器主页被篡改、广告弹窗层出不穷，甚至电脑慢得令人不堪忍受。在浏览器上杜绝侵害可以说是最为实用的防毒措施，安全浏览器便具备根据恶意网址库，以及动态识别网页中恶意代码的方式对恶意网站和钓鱼网站进行实时智能拦截的功能。

2．重点区域保护好

现在的木马和恶意软件早已不单纯是技术型黑客高手的恶作剧，每一轮木马的传播都存在明确的目标，比如窃取网游装备、各类账号密码以及用户有价值的数据、隐私等，这促使你不得不重视账号和个人数据的保护。目前保护账号密码安全的主流软件有360保险箱和超级巡警账号保护神，你可以根据自己的使用习惯加以选择。对于一些不能外泄的重要数据和隐私信息，则可以使用加密程序进行加密，而不仅仅是隐藏了事。

3．忌盲目下载

无穷无尽的资源是网络的魅力所在，同时也隐藏着不小的危机。无论是图片、MP3还是文本，任何格式的文件都可能在其中合成木马。在下载来历不明的文件或他人邮件中的附件时，一定要做好安全防御工作，尽可能使用带有在线扫描功能的迅雷下载工具。至于常用的软件、游戏等资源，则一定要选择在官网或太平洋电脑网等正规下载站下载。

存储防护要趁早

U盘、移动硬盘这些移动存储也是病毒传播的重要途径，稍不留意就会导致“格盘”。而它一般的运行机制是通过双击盘符自动运行。因此，禁用所有磁盘的自动运行、及早预防才是关键所在。

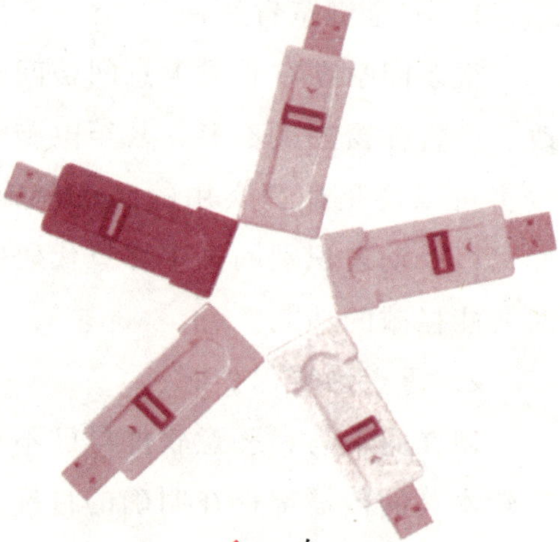

◆U盘

具体的操作过程是：单击“开始”菜单，在“运行”中输入gpedit.msc，按回车后进入“用户配置”，讲而逐项选择“管理模板”、“系统”，双击右侧列表里的“关闭自动播放”，并选择“所有驱动器”，然后点击“已启动”，确定后退出。

网络安全贴士

如果以上所有举措同学们都用了，电脑依然中招，那么最好通过访问一些网络安全的专业求助网站，看看有没有遇到类似情况的网友，也许解决方案触手可及。360安全求助中心是人气最高的网络安全平台，发帖能够及时得到回应。另外，百度知道、奇虎问答以及SOSO问问等问答网站上也有许多关于木马病毒防护的知识，可以作为参考。

黑客攻击方法和应对

黑客攻击途径

可以是你所接触到的任何东西：从键盘到硬盘，从诈骗到轰炸。下面我们就逐一列举这些问题。

1. 键盘

是不是感觉到很奇怪，为什么把键盘放在第一位呢？键盘也会遭到攻击吗？很简单，键盘是我们与外界进行沟通的重要桥梁，我们要通过它输入大量的信息，所以许多“黑客”软件都把这只“黑暗中的眼睛”放在了这里。通过记录键盘的活动，可以很容易地得到很多有价值的东西，例如密码、谈话内容。

◆键盘

对付这些东西，最好的办法还是使用杀毒软件。如果杀毒软件带有病毒防火墙，需要注意下载最新的防火墙版本。

2. 浏览器

我们上网肯定离不开浏览器，这也是泄漏秘密的“好地方”。浏览器的漏洞主要是IE缓存的问题以及cookie的问题，尤其是cookie，有的cookie里面包含了你的登录网站名称、登录时间甚至登录密码。“踏雪无痕”这类软件就是专门查看cookie的“黑客”软件。

点“internet选项”、“删除文件”把缓存彻底删除掉。

3. 腾讯OICQ

腾讯OICQ的广泛使用，使它的每一个新版本都受到众多黑客的关注。从嗅探器、键盘记录器、轰炸器到偷看聊天记录等攻击方式，让人防不胜防。

腾讯OICQ的更新速度非常快，所以要注意下载使用最新版本；在OICQ中点“系统参数”、“网络安全设置”、“拒绝陌生人信息”就可以对付OICQ的轰炸；还应该设置“使用本地信息加密”。

4. 遗留文件

不要随便打开别人遗留下来的文件。好奇心并非总是好事。黑客为了使普通用户去掉戒备之心，总是利用大家最常见或者喜好的东西来骗人上当。一个图标是Winzip的文件实际上却可能是一个木马；一款漂亮的Flash动画背后可能隐藏了许多不为人所知的“勾当”。

5. 网页浏览

如今，上网冲浪已经成为我们生活中不可或缺的一部分。上网冲浪离不开浏览器，它是我们获取网上信息的重要方法之一。

对于网页浏览需要注意以下几点：登录免费信箱的时候尽量到指定的网站上去登录，不要在个人主页上登录，因为该网站很可能会记录下你的用户名和口令。

要解决无限制弹出窗口的网页，可以先按住“Crtl+Alt+Del”键，把“Explorer”窗口关闭，然后再修改“Internet”选项，禁止执行Java。对于网页中插入的ActiveX，当提示下载安装的时候一定要看清楚是否签名，如果没有签名就存在包含木马的可能性。尽量到知名的下载网站去下载软件，对下载的软件最好先杀毒。

6．拷贝粘贴

我们有时候会大量地使用拷贝粘贴功能来复制文件和文字。当离开机器的时候最好把剪贴板清空，尤其要注意是否使用了某些剪贴板增强工具，这些工具通常会自动记录你所拷贝的文件数量和内容，即便是非正常关机都不会消失。

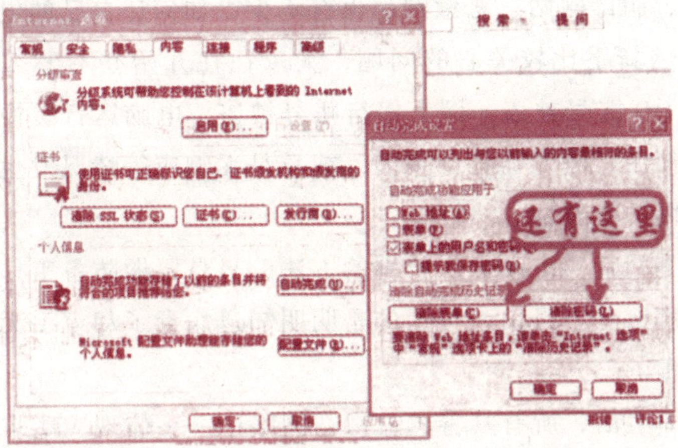

◆清除网页

网络安全贴士

网络是个大世界，大量有用信息存在的同时，有害信息也处处可见。在这种情况下，所有上网的人都要提高自身修养，学会甄别取舍，自动远离发布不良信息的网站。

如果你在网吧上网，切忌不要在硬盘上保留自己的个人信息，对于自己的聊天记录、邮件等信息要通过移动存储备份后从硬盘上删除。如果是自己的计算机，要请教高手或专家安装必要的防病毒与防黑客软件，不要随便下载不知名网站的程序和附件。

防范网络安全六招

安全上网是大家都比较关心的，互联网中虽然有很多优秀网站，但垃圾网站、病毒网站、恶意网站也有不少，如何让自己的电脑安全上网是很多电脑新手比较关心的问题，大家往往开始并不怎么关心上网安全，等到 QQ 账号被盗、网上银行账号被盗、电脑运行缓慢、电脑部分软件无法使用、浏览器自动关闭，或总是无响应等情况发生时才意识到了安全上网的重要性。

安全上网其实也没什么特别的方法，只是要做防备工作和一般应对方案。中病毒并不可怕，可怕的是明明知道病毒了却束手无策，不知道为什么中毒。

网络即生活，所有真善美丑都在网络中一一体现，所有游戏中的盗号，如同现实中的洗劫一样残忍卑劣，盗窃者用各种各样的方式，巧妙的设置木马、诈骗、陷阱，将游戏用户骗入网中，成为猎物，而最终的目的就是将玩家的财产窃走，经过“一番处理”丢到“5173”等交易平台贩卖成人民币。而很多玩家辛辛苦苦花了巨大精力、时间、金钱建立的账号，被以原价 1/10 都不到的价格卖掉。

合理设置浏览器的安全级别

在控制面板中的“Internet 选项”中，进行合理的“安全”设置，不要随意降低安全级别，以减少来自恶意代码和 ActiveX 控件的威胁，在系统推荐的默认设置级别“中”的基础上，点击“自定义级别”按钮，可以进一步进行更严格的设置，建议尝试着每次只更改一两个项目，如果导致不能正常上网，或者上网不方便了，则适当地降低安全设置，多试几次直到找到适合自己的最佳安全设置组合。

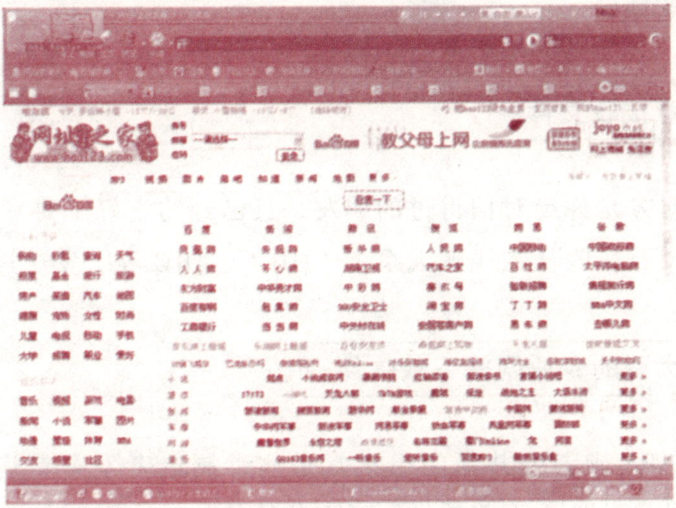

◆安全浏览网页

慎重对待邮件附件

如果收到邮件附件中有可执行文件（如．exe、．com 等）或者带有“宏”的文档（.doc 等），不要直接打开，最好先用“另存为”把文件保存到磁盘上，然后用杀毒软件查杀一遍，确认没有病毒后再打开。不要打开扩展名为 vbs、shs 或者 pif 的附件，因为这类文件几乎不会作为正常的附件发送，却经常地被病毒或蠕虫所利用。

不要随便点击不明链接

如果收到不明邮件，一定不要随便点击其中的链接，防止其带有恶意代码，同样我们在上网的时候，也不要经不住一些无聊话语的诱惑，随便轻意点击一些无名小站的不明链接，因为它们经常被用来引诱用户去执行该文件。

不要随意接收文件

除非对方是你绝对信得过的朋友，且已经约定好了要发送文件，否则，不要随意接收从在线聊天系统（OICQ、IRC 等）发送过来的文件。

尽量从大型的专业网站下载软件

一些 BBS 或者公共新闻组常常是病毒制造者发布新病毒的地方，尽量不要从这些地方下载软件，要下载软件的话，到大家都比较熟悉的专业网站进行下载，以有效保证下载软件的安全。

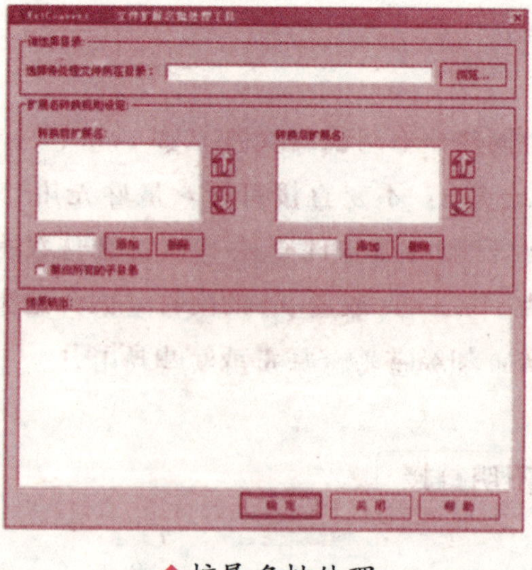

◆扩展名批处理

设置始终显示文件的扩展名

在资源管理器中，选择“工具”—“文件夹选项”—“查看”，去掉“隐藏已知文件类型的扩展名”前的对号，这样就可以使那些想伪装成正常文件的病毒文件原形毕露，发现有什么异常扩展名的文件，应该禁止使用或者直接删除。

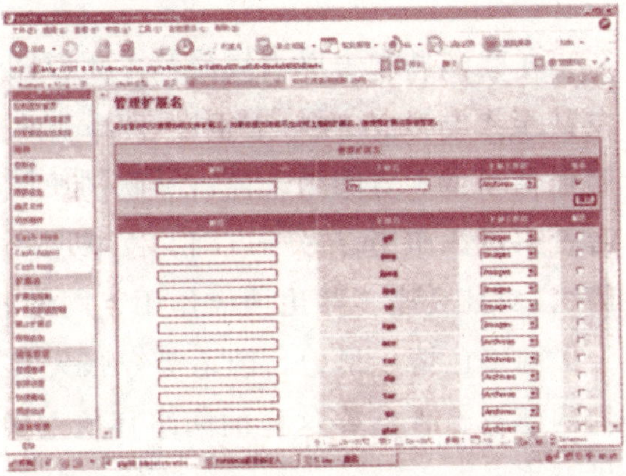

◆管理扩展名

网络安全贴士

古人云：“常在河边走哪有不湿鞋。”经常浏览一些垃圾网站，尤其是一些色情站，内部包含了大量恶意程序病毒，电脑一经浏览就可能中病毒了，所以电脑之所以会染上病毒，最大的原因还是自己，所以解决的办法尽量不要去浏览一些垃圾网站，要寻找东西可以去一些知名的网址导航里去找网站。比较推荐的网址导航有很多，比如 hao123、2345、265 等。

如果不能了解网站的安全性如何，那么电脑中最好安装杀毒软件，个人用的比较多的是 360 安全卫士，它能够拦截大多数恶意程序，定期杀毒检查也是非常必要的。

网络引发结伙犯罪

互联网自诞生以来短短几十年时间，已然成为了人们经商、交友甚至参与政治的一个重要平台，改变着人们生活的方方面面。然而任何事物都是一个矛盾的统一体。互联网使用率的提升，一方面对社会的发展起着关键性作用，另一方面，互联网所具有的先天优势也会是一剂“毒药”，对社会进步产生消极作用，网络低俗即是一例。

网络色情、暴力、凶杀等夸张失实反映社会阴暗面的东西充斥着我们的感官，生活在这样的网络环境之中，久而久之就会形成一种意识，进而指导着人们的行为，犯罪的概率也就加大了。

据一些权威机构的调查显示，近些年我国青少年犯罪率整体上呈下

◆谁在制造网络暴力

降趋势，但互联网犯罪率却是上升的，这凸显着整顿网络不良环境的现实必要性和紧迫性。

案例

小强有上网的爱好，但由于缺钱，就将林欣家的自行车以200元的价格给卖了。林欣很快知道了这事，多次向小强讨要自行车都没有结果，最后要求他还钱。小强则总是一再推脱说暂时没钱，等有钱再还，或找其他理由。林欣要了几次以后，忍受不了，便对他的一个好朋友贾利说起这件事，并扬言要好好教训小强。

之后的某天夜里，贾利和两个同学在网吧上网时看到了也在上网的小强，就立即电话通知了林欣，并让两个同学看着，自己到网吧楼下的路口处等林欣,还叫来在附近另一网吧上网的朋友帮忙。林欣接到电话后，也立即通知了自己的朋友一起乘三轮车赶到了网吧。林欣等人找到小强后，让他到外面。林欣见小强不同意，便用胳膊夹住他的头部，强行将他拉到网吧二楼楼梯口处。

在这里，林欣用自己从家顺手带来的一把螺丝刀的手柄对着小强的头部就敲了起来，其他人见林欣动手也跟着对小强拳打脚踢，贾利从网吧门口的路边捡了一块砖拍向小强的背部。之后，林欣又用胳膊强行夹住小强头部，与贾利等人将他挟持离开网吧来到野外后，继续实施围攻殴打。

最后，几个人预谋制造车祸、扔下水井、活埋等手段施暴，制造车祸没有车来、扔下水井没有人敢，就计划活埋。半路上，他们拦下一辆三轮车将已经昏迷的小强带到一处野地草丛处扔下，最后致死。

8名嫌疑人低头走进高陵县看守所的大门，涉案的8名嫌疑人有6个未成年，7人关押在高陵县看守所。贾利说他自己没什么法律意识，打人时没考虑什么后果。

网络安全贴士

同学们身处于身心发育期，懵懂无知，对新事物有强烈的好奇心和模仿意识。网络信息如同漩涡一般，一旦不及时有效地引导，很容易导致其被吞噬其中，难以自拔。

在现实中遭遇矛盾冲突，不可按照游戏中的方式去解决问题。

网络色情贻害无穷

由于网络传播信息形象直观，无论是赤裸裸的色情影视画面，还是充满挑逗性的文字，对青少年都充满了诱惑，一些青少年由“尝试”色情刺激发展到实施性犯罪。

网上色情淫秽内容会让青少年看完之后想尝试，使性活动频率、怀孕和得性病艾滋病的机会增加。青少年要懂得区分网络信息，有选择地浏览。

案例

刚上高中那会儿，张武学习很努力。但他很快发现，班里的学习风气很差，他对学习也渐渐地失去了兴趣。

这时，他开始接触手机网络。“家里给的生活费，我花不完，就买了部手机。我用手机上网，起初是想看武侠小说，但网络里的黄色信息无处不在，常常自动就跳出来了。”张武说，以前他对“网瘾”很不以为然，但他出于好奇接触网络色情后，却没能管住自己，并且一发不可收拾。

◆网络色情

从此，他几乎天天用手机上网。起初，他只是在课间上网，后来，碰到不喜欢听的课，他整堂课都在看手机。再后来，每晚睡觉前，他会躲在被窝里上网，有好几次通宵上网，第二天上课就昏昏欲睡。甚至，他还边走路边用手机上黄网。

渐渐地，张武不再满足于仅用手机网络获取色情信息，他发现学校周边的手机营销店，往往会主动向学生兜售色情内容，往手机内存卡上复制一部黄色电影4元，黄色图片和文字也明码标价，以此敛财。

这样的状态持续了3个多月后，张武的活动范围扩展到网吧。在同伴的帮助下，他进入了网络的色情世界。那次，他次日凌晨6点多才离开网吧。

张武在沉迷网络色情的路上越陷越深，但在父母、老师以及同学那里，他成功地维持着自己本分、勤奋的“好孩子”形象。张武虽然自己爱上黄网，但他认为“很丢脸”，所以不会让身边人知道，即使同寝室的室友也不例外，他们只知道他爱上网，但不知道上的是什么网。

没人关心张武的压抑，他也不愿意暴露自己“不光彩”的想法。这种压抑越积越深，随时都有失控爆发的可能。

初夏某日，张武到大姐家串门。下午3点多，一场大雨过后，他去村里的小卖部买东西，他在途中一边走，一边用手机浏览色情信息，性压抑再次被激起。正在此时，他迎面碰到一个十几岁的女孩，特别想找

◆手机色情

她试试。尾随了一会儿后，张武用石块击晕了女孩儿，将她弄到僻静的水沟边。张武本来想“试试”，但由于自己特别紧张慌乱，没能发生实质的性行为，出于好奇，他看完女孩的性器官后就准备离开。然而，女孩在昏迷一个多小时后，突然爬起来。张武害怕事情败露会让自己抬不起头，加上心存“别人不会找到自己”的侥幸，短时间扭打后，他用手掐住女孩的脖子，对方窒息死亡。

追求浪漫，这是网络情爱的一种时尚，几行文字、几个符号，便能使青年男女们爱得死去活来。然而，我们不能不警惕那些“温柔的陷阱”，别被网络中的“狼外婆”撕毁了理想中的爱情梦幻。

案例

19岁的杨小帅是河南省太康县人，初中毕业后便在外闯荡，经常在网吧上网聊天。2006年4月，他结识了一位18岁的女性网友“冷心女”，聊了几次后他们相约见面。见到身材苗条的“冷心女”后，杨小帅趁醉

◆手机色情利益链

酒之机将其强奸。

受辱后，“冷心女”说要报案，于是杨小帅将其活活掐死，并抛尸河中。

同样悲惨的命运，也降临在了河南省东部两名初中女生身上。

通过网上交友聊天，两名案犯先后将她们诱骗到家中，强奸后杀害，并将尸体埋藏在自家院内。一年后案件被侦破，两名女生的尸体被挖出时，其中一名死者戴的手表指针仍在跳动，但如花的生命却永远凝固了。后来，这两名案犯被枪决。

网络安全贴士

网络信息的海量，势必会有一些不法分子发布信息危害青少年。青少年要加强自身素质的培养，坚决抵制网络色情的诱惑。虽然是偶尔浏览，但对于自控能力差、识别能力差的青少年来说，网络色情犹如吸毒，一旦沾上，是难以摆脱的。

第四章 网络世界的骗局

防范网络欺诈陷阱

网络欺诈是以非法占有为目的，利用互联网平台，采用虚假事实或者隐瞒事实真相的方法，骗取数额较大的公私财物的行为。

网络欺诈主要有以下特征：

（1）行骗面广

行骗人一般采取广泛撒网、重点培养的方式，只要少数人上钩就达目的。受害人上钩后，行骗人便设连环套，层层诈骗。

◆网络欺诈

（2）异地行骗

由于互联网的无边界的特性，行骗人往往选择异地“鱼儿”行骗，受害人上钩后一般不会直接到异地去找行骗人。即使到公安机关报案，公安机关办理异地的案件周期也较长。这就是行骗人选择异地行骗的缘故。

（3）行骗人不用直接接触受害人，带有极强的隐蔽性

行骗者一旦得手后毁掉一切网上证据，消失迅速，难寻踪迹；另辟一套网上虚拟身份和虚假信息“重操旧业”。

目前网络诈骗主要有网络购物、网上聊天、网络游戏和网络骗色四大手段，网络欺诈手法主要有：

以低廉的价格引诱。

行骗人一般自己建立电子商务网站，或是通过比较知名和大型的电子商务网站发布虚假的商品销售信息，以所谓的“超低价”、“走私货”、“免税货”、“违禁品”等名义出售各种产品，使一些人因低价的诱惑或好奇心态而上当受骗。同时以“减少手续费”、“支付时间长”、“交易快捷”等借口尽量劝说受害人不要通过“支付宝”等方式支付，直接将现金存入其指定账号。

行骗人往往抓住不少人贪图便宜的心理，选择大型正规网站，发布一些让人心动的商品，而且价格绝对便宜。与此同时，再配上天衣无缝的售后服务，让人很难禁得住诱惑。

吸纳会员，骗取注册费。

行骗人在一些普通的网站上搞一些六合彩赌博网站或淫秽色情网站的链接，引诱网民点击进入，交纳一定的注册费（通常以手机号码进行注册，一旦注册成功即被扣掉手机费 10 ~ 60 元不等），让其成为会员，好奇的网民交钱后往往均不能成为会员，从而上当受骗；或让其成为普通会员后，进一步引诱受害者继续交费成为 VIP 会员。

网络游戏世界的精彩让人流连忘返，其中也有不少骗局。多数网游本身就以骗钱为目的，虚拟世界几乎没有什么健康益智的免费游戏，即使有也是引诱网民付费继续玩游戏。网络游戏中的骗子往往利用玩家大意、急于获得道具或者贪小便宜等心理进行欺诈，更有些人甚至动用黑客手段进行作案。受骗玩家通常安全意识较低，太容易相信别人，在进行交易时过于心急。

网络骗色。

色情诱惑一般带有骗色骗财目的。由于人性的本能问题，无论是男性还是女性都会有经受不住色情诱惑的可能，一旦受骗，受害者往往都会吃哑巴亏。

◆小心各种欺诈

网络安全贴士

网络作为人类智慧的产物，虽不是洪水猛兽，但却是一把“双刃剑”。

遇到价格特别便宜的产品也要利用搜索引擎，查询信息里的电话、联系人、公司名等关键字，看看网络上有没有其他网友公布的行骗记录。

社交网站鱼龙混杂

“社交网站”或“社交网”，是指基于个人之间的关系网络系统的网站。网民通过社交服务网站与朋友保持直接的联系，建立大交际圈。

多功能大众化社交：百度空间

基于学习、互动、分享：yaya 家园

基于大众化的社交：QQ 空间布谷森林

基于各类生活爱好：豆瓣

◆繁多的社交网站

基于白领用户的娱乐：开心网

基于白领和学生用户的交流：人人网

基于网络同居的情感交流：赛客网

基于未婚男女的婚介：世纪佳缘

基于地方化的交流：南京族

基于年轻用户的交友：51

基于原创性文章：新浪博客

基于位置信息的社交：麦乐行

基于个性化交友页面：阔地网络

网上侮辱令人担忧

眼睛盯着小小的屏幕、耳朵里塞着耳机、手指在键盘上飞快地移动……这似乎是爱用电脑或手机上网、聊天的青少年统一的“表情”。那些活跃于社交网站的 13 ～ 14 岁少年，他们的网友基本都是认识的同学和朋友，而网上的行为也与平时生活中的一致。

“网络侮辱，现象在世界各国变得越来越普遍。传统的欺凌行为包括肢体冲突、语言威胁等，网络侮辱则是通过手机、电脑等电子设备故意、反复骚扰他人。鱼龙混杂的社交网站容易对青少年脆弱的心理形成致命打击。

案例

“你问我答”网以问答、评论为主要模式，创立不久即在全美青少年中迅速走红，每月的访问量达到 2800 万次。青少年多用它来交流一些比较私密的话题。

在这个社交网站上，访客在用户个人页面上提出的问题、做出的评论会发送到用户私人邮箱，他／她可以选择忽略、删除或回答。

利用它进行言语攻击，发表侮辱性评论的现象也时有发生，诸如“你总自视甚高，其实什么也不是”、“你笑的时候看起来很蠢”等词句随处可见。

在社交网站上，获得的留言和评论越多意味着越受关注，因此虽然许多问题和评论很伤人，但孩子们还是选择公布它们。

一名女孩也因为在“你问我答”上看到侮辱自己的言论而向母亲哭诉说：“所有的评论都很粗俗，而这些居然都来自于她朋友。”纽约长岛的 17 岁女高中生阿里克西斯·皮尔金顿因在“你问我答”社交网站上遭受侮辱性言语攻击而自杀。

皮尔金顿自杀后，在纪念她的网络论坛上还出现了许多侮辱、攻击她的言论。

2005 年 6 月，韩国一名女孩因未清除宠物狗留在地铁座位上的排泄物，被人用手机拍下后传至网上，遭网友的“人肉搜索”，最终患上精神疾病。

2007 年，英国一所中学 10 名学生被勒令停学，原因是他们在社交网站上串通一气，辱骂恐吓老师。

2007 年，由于邻居 13 岁少女梅甘与自己女儿发生不快，美国密苏里一位中年妇女在社交网站“我的空间”以一个虚假的男孩身份向梅甘献殷勤，骗取她的信任后，该妇女先伙同其他人在梅甘个人主页上发送恶毒评论，后又在网上宣布与她断绝恋人关系，梅甘在卧室壁橱中自缢身亡。

2007 年，英国 13 岁的男孩山姆·里森因在社交网站的个人主页上遭到大量攻击和辱骂而自杀。

2008 年，英国 18 岁的少女凯莉·赫顿与同学艾美莉不合。她在社交网站“脸谱”上威胁要杀死艾美莉，最终赫顿被判进入青少年教导所

3个月。

2008年10月，日本埼玉一名14岁女生在家上吊自杀。她留下遗书谴责自己的朋友，称“我要报复，我决不饶恕说我坏话的人”。

据调查，约有38.3%的女生曾在网上被欺负，略高于男生的34.4%，不过有27.3%的女生表示，如果碰到这种状况会毫不犹豫地反击。女生成为电子恶霸的比例与男生差不多，不过“女恶霸”们的行为往往更狡猾、更具杀伤力。

网络安全贴士

婚恋网站其实相当于一个为用户提供各类身份介绍的信息平台，并没有婚介资格，因此它无权要求每位用户都提供真实的个人信息，同时我国现在也并没有相关的法律法规去明确规范这方面的相关行为。用于制约婚姻介绍机构的规范条例也不能直接用于网站，也就是所谓监管空白。婚恋网站对不法会员以虚假信息欺诈其他会员的现象放任不管，不法分子为了追逐利益将继续利用此漏洞作案。

通过QQ视频借钱

近年来，不法分子在境内外通过网络、电话和短信息来进行诈骗的犯罪活动日益猖獗，各种各样的诈骗形式和手段也在不断变化、翻新之中，虽然警方加强了打击防范并通过媒体不断地宣传，但是一些新类型的诈骗案件，仍然会不时出现，这需要广大市民自己提高防范意识就这类案件，需要提醒的是，QQ视频聊天中，虽然画面上是自己认识的朋友，但在网络的那一端，正在与你聊天的人很可能另有其人，甚至是不法人员，这一点目前在技术上已经没有障碍。在进行视频聊天时，当涉及金钱、财物和个人隐私、各类秘密等方面的内容一定要慎重，最好再能通过其他方式，如电话、电子邮箱和其他网络聊天工具进行核实和确认。警惕要求直接转账。如果是一个支付平台注意平台的信誉度，可以到备案中心查询。

◆视频聊天

案例一

老张的儿子在外地上大一，学的是设计专业，一台好电脑是必不可少的。他和老伴早就把电脑钱给准备好了，合计让他带在身上也不安全，就想以后他用的时候给他打过去。

舍不得打长途电话，老张和儿子联系的主要方式就是QQ。没多久，老张的儿子在QQ上给他留言，说是要和同学一起团购电脑，钱必须得打到一个同学的账户上才行。

看着儿子在QQ上说了电脑的事，老张没表示任何怀疑，当天就把钱打到了“儿子”所给的账户上。儿子离家时说电脑大约5000元，现在却要走了6000元，老张还好奇地问了一声，怎么这么贵，那边给老张回话说，是因为配置高。

过了几天，老张的儿子给爸爸打来电话，想要买电脑的钱。老张顿时摸不着头脑，询问儿子是否曾通过QQ要钱，儿子却说最近很忙没怎么使用QQ。这下老张才反应过来，自己被骗了。

被骗后，老张心中一直有一个疑问，为什么骗子会知道他的儿子要买电脑呢？

在庭审过程中，老张得到了答案。原来，犯罪嫌疑人小李通过网站。学了很多有关木马和远程盗号的知识，并成功盗取了很多学生的QQ号。

小李缺钱时就会和这些QQ号中的一些好友联系，并且说的都是一样的话。他猜想学生最需要的就是电脑,所以就以买电脑作为要钱的借口。

在行骗过程中，大部分人都马上识破了小李的骗局，只有少数和他搭话。老张的儿子将QQ好友都改了名，却把爸爸的称谓作备注姓名，小李见是个好机会，没想到真的成功了。

案例二

刘女士每晚八九点钟都要和远在上海的儿子小斌QQ视频聊天。11月8日晚，刘女士刚打开QQ，就看到儿子发的一条消息：“在吗？汇10000元到我朋友的账上！”看到这条信息，刘女士夫妇吓了一大跳，担心儿子小斌一个人在外地出了什么事，刘女士赶紧点开了视频，想问问儿子。视频里，刘女士看到小斌正坐在电脑前打字。刘女士拿着耳麦，和儿子说话。但儿子却没有任何反应，只发来信息。小斌的爸爸赶紧拔打了小斌的电话。电话里小斌说自己正在KTV唱歌，并没上网。刘女士夫妇这才知道差点上当受骗。

案例三

某日，福州的王女士在上 QQ 时，远在美国的好友突然称有急事，要借钱。王女士怀疑是骗子，便要求进行视频聊天。对方同意了，王女士看到了好友的影像。“我这边耳麦坏了，不能语音聊天。”对方表示。王女士信以为真，就给对方汇了 12 万元，后来才知道被骗了。

骗子事先通过各种途径在他人电脑中植入 QQ 盗号软件，再通过一种“强制视频”的远程控制软件，远程监控电脑桌面及键盘记录功能窃取 QQ 密码，然后通过该软件截取 QQ 中保存的视频资料，接着冒充该人跟 QQ 好友聊天，通过播放截取的视频文件让对方相信自己就是对方的 QQ 好友。

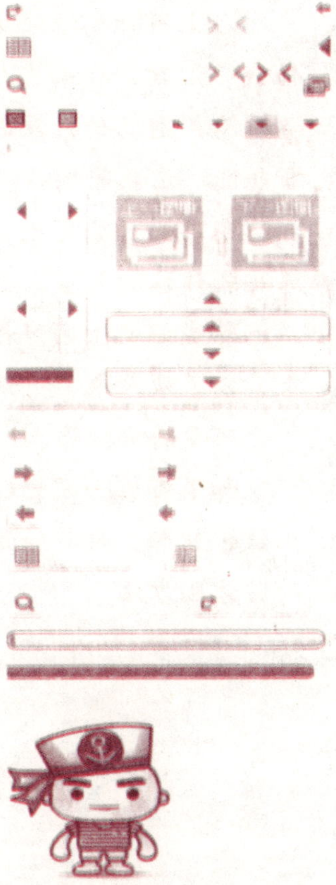
◆视频方便了网友交流

当接到亲戚、朋友在 QQ 上要求汇款的请求后，最好第一时间用电话与他们取得联系，确定事情的真实性。不要轻易相信视频聊天。在视频骗局里，骗子只有图像，不会出声，这是最大的破绽所在。

如果无法直接与对方取得联系，那么可以通过第三方进行询问。

同时，可以通过“回忆过去”与对方进行套话，比如与对方聊天问以前发生的事情。如果对方答不上或者是直接就离开，那么对方很有可能就是骗子。

网络安全贴士

在上网时要增强防范意识，对于亲友或合作伙伴在网上发出的借钱、汇款、代购充值卡等“求助”，以及中奖、欠费等“提示”，要注意辨别真伪，最好以电话或其他方式进行核实，确认以后再进行转账、汇款等操作。

想防止诈骗发生，第一个关口是设法防止QQ被盗，及时更新杀毒软件、防火墙、更新QQ软件等不失为一个好办法。

养成好的上网习惯，不要与那些打着美女旗号的陌生人视频聊天，以免被人录下视频画面后利用。

不要随意接收、打开QQ好友，尤其是陌生人发送的网页或图片。

如果百密一疏，QQ号被盗了，真遇到亲友通过QQ向您提出汇钱、转账、付款等请求时，一定要打电话核实，这是最直接有效的防诈骗方法。

钓鱼网站骗钱财

钓鱼网站是一个网络欺诈网络，指不法分子利用各种手段，仿冒真实网站的URL地址以及页面内容，或者利用真实网站服务器程序上的漏洞在站点的某些网页中插入危险的HTML代码，以此来骗取用户银行或信用卡账号、密码等私人资料。

钓鱼网站的一种常见做法是在电子邮件中包含一个表格，供收件人填写自己的姓名、账号、密码或者PIN号。它一般通过电子邮件传播，此类邮件中一个经过伪装的链接将收件人联到钓鱼网站。

钓鱼网站的防范

由于它的手段基本就是通过网络用一些诱饵（比如假冒的网站）等使用者上当，很像现实生活中的钓鱼过程，所以就被称之为“网络上的钓鱼”。

1. 危害方式

最典型的网络钓鱼攻击将收信人引诱到一个通过精心设计与目标组织的网站非常相似的钓鱼网站上，并获取收信人在此网站上输入的个人敏感信息，通常这个攻击过程不会让受害者警觉。这些个人信息对黑客们具有非常大的吸引力，因为这些信息使得他们可以假冒受害者进行欺诈性金融交易，从而获得经济利益。受害者经常遭受显著的经济损失或全部个人信息被窃取并用于犯罪的目的。

钓鱼网站的最大危害就是会窃取用户银行卡的账号、密码等重要信息，使用户受到经济上的损失。

像垃圾邮件一样。钓鱼是一种未经允许的电子邮件形式。尽管一些垃圾邮件可能只不过是讨厌的广告，而钓鱼则是试图从用户手中进行诈骗。

2. 牟利模式

◎通过钓鱼网站设下陷阱，大量收集用户个人隐私信息，通过贩卖个人信息或敲诈用户。

◎通过钓鱼网站收集、记录用户网上银行账号、密码，盗取用户的网银资金。

◎假冒网上购物、在线支付网站，欺骗用户直接将钱打入黑客账户。

◎通过假冒产品和广告宣传获取用户信任，骗取用户金钱。

◎恶意团购网站或购物网站，假借“限时抢购”、“秒杀”、“团购”

等噱头，让用户不假思索地提供个人信息和银行账号，这些黑心网站主可直接获取用户输入的个人资料和网银账号密码信息，进而获利。

3．钓鱼网站骗客敛财招术

◎群发短信“善意”提醒，诱使网民上网操作。

◎境外注册域名，逃避网络监管。

◎高仿真网站制作，欺骗网民透露用户密码。

◎连贯转账操作，迅速转移网银款项。

4．钓鱼网站的判别

网络安全技术人员认为钓鱼网站技术含量不高，主要是利用人们的心理来实现诈骗，个人要学会防范。

一般假网站只有一个页面，没有任何链接。真的网站，首页不仅内容丰富，而且还能提供详细的联系方式。验证一个网站的真伪，还可以通过中国互联网络信息中心官方网站查询真实域名，也可以通过登录工信部 ICP/IP 地址 / 域名信息备案管理系统，获得网站的真实信息。

假网站主要集中在两方面：一种是模仿央视、腾讯等假冒抽奖网站，如较多地出现的是仿冒“非常 6+1”节目中奖信息，骗取网民钱财的网络诈骗事件，主要特征是以中奖为诱饵，欺骗网民填写身份信息、银行账户等信息；另一种是模仿淘宝、工行等在线支付网页，骗取网民银行卡信息或支付宝账户。

中国互联网络信息中心的专家认为，一是人们受中奖或其他物质奖励诱惑而放松戒备；二是人们缺乏对网站真伪性验证的知识和方法。另外，多数受骗用户在网上填报个人信息，特别是财务信息时缺乏防范意识，没有仔细验证网页的真实性。

因为“网络钓鱼”都是以大奖诱惑消费者，因此消费者要对网络中奖活动提高防范意识；而在网络支付时也要小心谨慎，通过域名注册信息、第三方权威认证服务等多种手法验证网站真实性，同时，网民一定要重视个人信息的保护，包括个人联系方式、身份证号码、银行卡信息等。

私下交易要当心

因为青少年暂时还没有承担经济的能力，因此，有些青少年为了省钱，以为如果跟卖家到网下交易的话，卖家可以省掉本来应该缴给网站的一部分费用，从而让利给自己，所以往往喜欢到网下私下交易，殊不知如此一来，你们将失去所有的安全保障。一旦对方给的商品有品质问题，很可能一筹莫展。

目前，就有很多人借此脱离网站的“监控”，然后实施他的“诈骗计划”。

因此，当青少年在和卖家谈好价钱后，如果对方要求留下联系方式，然后双方到网下去私下交易，不进行网上登记，最好不要答应。

青少年在进行交易时，尽量在网上保留实际交易记录，便于有案可查。这是维护自己合法权益的重要手段。在易趣网，专门设有“安全交易基金”，只要网上有记录的，一旦买家受到损失，会给予适当补偿。

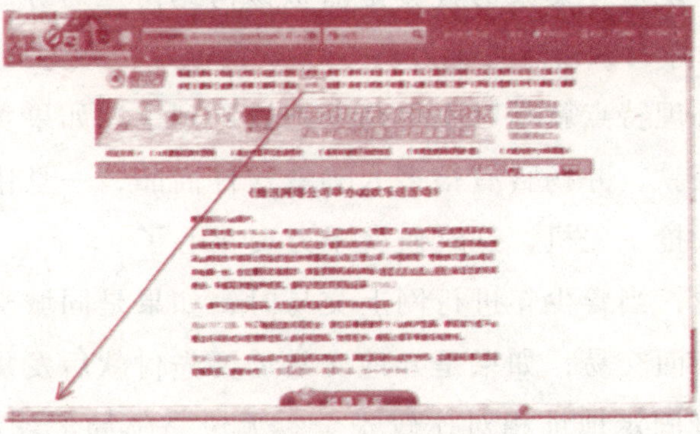

◆钓鱼网站虚假公告

假付款链接页面

案例

某日上午，小张在淘宝网找到一家卖知名品牌奶粉的网店。因为价格便宜，他便订下了1700余元的货。根据相关规定，一次交易额不能超过1000元，在交易过程中，小张支付了1000元后，卖家通过旺旺发来一条链接，称小张若支付余下的700余元后，就一起发货。随后，小张又支付了700余元，但对方表示没有收到钱。可能是因为网站本身的问题。对方表示把1700余元退还给小张，希望小张重新付款，并又给小张发来了一条退款链接。按照卖家的要求，小张打开该链接，点击了确认键。这时小张的网上银行显示被提取了1700余元。小张询问卖家时，对方又给小张发来了一个3400元的退款链接，小张再次确认后，银行卡显示余款不足。此后，卖家已不再回话。

后来小张咨询淘宝公司得知。淘宝公司确认收到了第一笔1000元的交易款，其后的交易没有记录。也就是说，小张被骗了2400元。经仔细辨认，小张发现对方发来的链接是酷似该网站网址的另一个地址。发现受骗后小张立即向派出所报案。

骗子的心理特点就是巴不得马上把钱搞到手。如果卖家在电话里急吼吼催买家汇款，并扬言有很多人等着这件商品，一旦错过时间，很有可能就被别人抢了先机，这时候就千万要小心了。

一般来说，当青少年进行网上交易时，如果是同城交易，尽量选择货到付款或当面交易；如果是异地交易需要先付款后发货，则最好选择邮局汇款，有固定地址相对比较安全。无论是邮局汇款还是银行划账，

◆钓鱼网站的伎俩

都要确认收款人的姓名与网上实名认证的是同一人。

可以请对方提供一个能联系到的固定电话，在不同时期打电话以确认其有效性。交易成功后，索取售货凭证。

被骗后马上冻结淘宝、银行卡账户，以免骗子通过木马获悉信息。最重要的一点是：尽量选择有买家评价、信用级别高的店铺。

交易卡单

案例

小蝉是从事媒体工作的，她在网上代购了一件VEROMODA的牛仔服，比较了多家代购店铺，最终锁定一家价格相对便宜的3钻店铺，经过一番讨价还价以210元拿下。随之，该卖家说正在进货忙。让小蝉联系他的客服，通过QQ聊。该客服发条链接给小蝉，让她点链接付款，小蝉看链接里有淘宝的字样，并且页面和淘宝一模一样，没多想就付了款。之后，那客服说，交易卡单了，要再付一次激活才行。

小蝉开始怀疑了，然后在网上搜寻了一下卡单的案例，果然百分百都是骗局。很显然，小蝉的钱进了钓鱼网站，不过，骗子还挺会演戏，说明早8点半一定发货……搞得她寻思自己是不是人品爆发，碰到稍微有点良心的骗子。第二天早上一登录，不仅QQ不见了，连3钻店铺都直接关门大吉了。因为交易没通过支付宝，即使跟淘宝投诉，也追不回被骗去的210元。小蝉自嘲，只能安慰自己是花钱买教训了。

小婵没想到一向谨慎小心，竟然也会遭遇网络骗局。

所谓的交易卡单统统是骗局，淘宝从来没有卡单这回事。所以，被骗了一次后，千万别再被骗子骗第二次。

◆交易卡单是一种骗局

鉴别钓鱼网站的方法其实很简单，我们要有防范意识，养成习惯，就会避免上钩。

（1）域名对比法

其实辨别钓鱼网站的最佳方法就是对比它的域名是不是官方域名，如果不是官方域名,哪怕页面再相似,那么我们都可以断定其为钓鱼网站。

这个时候，大家可能会看到这个链接是“绿色打钩”的安全链接就会掉以轻心，实际上这是不法分子通过手段对真实的钓鱼网站进行的掩藏。最终将会跳转到钓鱼网站。

因此，请一定要仔细查看你所打开页面后的具体网址，而不是只看打开网页前的网址。

（2）尝试输入法

当你在收到他人发送来的一个网站的时候，你可以打开这个网站，一旦提示你需要登录或者输入其他信息，你可以采用“尝试输入法”，也就是随意输入一个用户名及密码，如果这个网站提示你登录成功的话，那么我们可以断定其为钓鱼网站。

结合以上两种方式，大家就在很大程度上可以真正地识别钓鱼网站了，请一定牢记在心。

网络安全贴士

青少年在查找信息时，应该特别小心由不规范的字母数字组成的CN类网址，最好禁止浏览器运行JavaScript和ActiveX代码，不要上一些不太了解的网站。

青少年进行网络购物时，一定要注意自己银行账号和密码的保密性，要提防钓鱼网站，不能随意在非银行网站上填写自己的银行账号和密码。网购时也尽量通过支付宝等有中介保障的网站进行交易。如发生被骗事件，要第一时间到当地派出所报案。

虚假高额中奖信息

案例

一个星期六的下午，小刚独自在家玩游戏，玩得正高兴时，一条信息突然出现在了屏幕上“3358**** 的用户，恭喜你获得了一等奖”这是他家的电话号码，怎么出现在电脑上了，好奇心驱使他点击了它，屏幕上又出现了一行字“尊敬的用户，你只需要交纳100元的上网费用，就可以获得37寸液晶彩电一台，我们还将为你送货到家！”他欣喜若

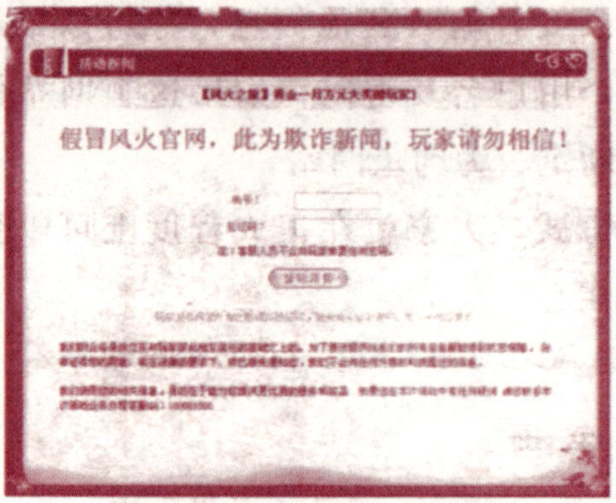

◆小心账号、密码信息

狂，心想："100 元就能换大彩电，上帝真是对我太好了，要是爸妈知道了，一定高兴极了。"他按捺住内心的激动，迫不及待地点击了"确定"键。

傍晚，小刚的爸爸下班了，刚一进门，他就眉飞色舞地把"中奖"的事告诉了爸爸。没想到爸爸听后却惊慌地直奔书房，边开机边生气地对小刚说："你被骗了！"他一下子懵了，呆呆地站在那，心里害怕极了。小刚的爸爸找到他浏览过的网页，却怎么也找不到小刚所看过的信息了。

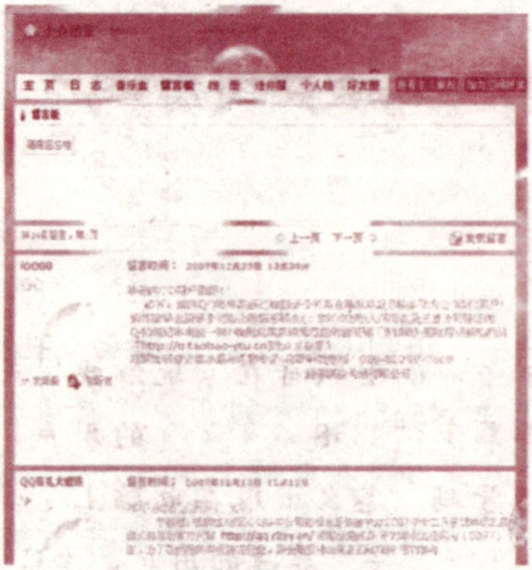

◆虚假中奖信息

从那个月起，他家的电话费用都在800元以上，几经周折，爸爸才找到相关部门解决问题，他心里一直为自己的轻率后悔不已。

网络安全贴士

不法分子抓住人们贪便宜的心理，进行诈骗。骗得钱财后，再经过转账等形式，到境外取出赃款。另外，诈骗网站一般是挂靠境外服务器，很难对其进行绝对屏蔽。

上网时一定要多长一个心眼，别轻易相信网上的任何信息，更不能贪小便宜，掉进网络里的骗局。

网购令人防不胜防

网上购物是通过互联网检索商品信息，并通过电子订购单发出购物请求，然后填上私人支票账号或信用卡的号码，厂商通过邮购的方式发货，或是通过快递公司送货上门。

网上购物的途径有B2B平台、B2C平台，以及独立的网络商城和团购网站等。目前国内购物比较多的B2B网站有阿里巴巴、慧聪网等，C2C网站有淘宝网、百度有啊、腾讯拍拍等，B2C商城有华强商城、淘宝商城、亿汇网、京东商城等. M2C团购网站有58同城、拉手网、美团网等，垂直类商城有凡客诚品、玛莎玛索。S2C网站有95百货商城、同城购物。

无论是通过哪种方式实现网络购物，都需要在它们的网站上先注册一个账号，然后选购自己需要的商品，按照提示的操作流程操作即可。

国内的网上购物，一般付款方式是款到发货（直接银行转账、在线

◆网购狂人

汇款，由淘宝支付宝、百度百付宝、腾讯财付通等做担保交易），货到付款等。

一般来说，网上商品会比商店里便宜一两折，但是如果某件物品一出价便是对折甚至更便宜，尤其是像电脑、数码相机这样的大件物品，千万不要轻信。这时候应该多看几个卖家，比较一下就会得出它的合理价位，从而避免因一时冲动而上当受骗。

对于那些打着“海关罚没”招牌的低价商品尤其要当心，这是解释低价的一个很好的借口，但大多是骗局。

“三无”产品

案例

2008年4月，张先生在网上“天安数码”购买手机，付款后一直没见货，要求退款遭到拒绝。2008年10月，李女士在网上购买“蒸关康”排汗运动机，使用3天就出现故障要求退货，对方置之不理。去年9月，刘先生按网购客服要求预付了2万元，购买“蕾美”化妆品，收货后发现产品无厂址、合格证、产品成分等，要求退款至今无果。

如果青少年自己或是家人要在网上购物的话，一定要看商家的真品保证，看一下他们有没有厂家授权书之类的保证，因为很多商家是没有信用保证的，交易前最好先看一下卖家的信用记录。卖家的信用记录是由此前和他做过交易的买家的评价累积起来的，一般比较可靠。但是不排除有卖家在自己的信用记录上“做假”，所以查看时要注意卖家以往交易记录和交易金额的详情，避免与那些在短时间内通过很多件低档商品累积起信用度，而后突然改卖高档商品的卖家交易。如果有个人前一阵子一直是卖袜子的，现在忽然开始改卖电脑了，你要当心！

偷梁换柱

案例

Lily有五六年的网购经验了，最近第一次在骗局上中招。今年2月份，她在网上相中了一款佳能相机，向网店的客服人员了解情况后，她支付了2080元买了一台。两天后，相机准时送到了Ii1y手上。仔细验货后，Lily很满意，第一时间在网上确认收到货，将货款打到了商家的账户上，并给了一个“好评”。

令Lily没想到的是，收货第二天卖家打来电话，声称因为发货员的疏忽，寄来的是返修货，要求她将相机寄回，将其换成新货，并表示邮寄的费用将由商家承担。Lily没多想，就把相机寄回去了。几天后，Ii1y

拿到商家重新寄来的相机。4月，因为相机有些问题，Iily拿去佳能的客服进行检修，却被维修人员告知相机是“返修货”，不能享受保修服务。Lily这才意识到事情不对，马上联系这家网店，但对方却坚称自己从未给Iily换过相机。Iily意识到自己上了当，想要进行投诉，但苦于拿不出证据只好无奈地“忍气吞声”。

交易成功后，如果商家以各种理由要求将商品寄回进行更换。买家一定要保留凭证，如聊天记录以及退货后的快递单据。如果商家在交易成功的15日内还没有解决这个问题，建议消费者申请维权，向网站反馈。

◆ 网购防低价诱惑

拖延战术

案例

小陈在一家网店订了3双凉鞋，总价1000元。卖家当时说，因为这款货要从厂家调货，需要4～5天才能到货。小陈觉得没啥问题，就付了款。

5天过去了，凉鞋却始终不见踪影，这时卖家发来邮件，她所订购的商品厂家正在赶工，还要再等两天。卖家还表示，会赠送她1件小礼物表示歉意。小陈虽然郁闷，可想到卖家那么有诚意只好应允。又过了4天，小陈还没收到商品，有些急了，但卖家承诺赠送的小礼物也从1件上升到了3件，便放松了警惕。当她3天后再次登录购物网站时，突然发现自己早已进入了一个精心设计的骗局，而此时卖家也已经不再理睬她了。

原来该网站规定，卖家在网上点击“发货”后，如果买家没有点击过“退款”，那么买家所支付的货款将在10天后自动汇入卖家账户。而卖家正利用这一点巧妙地骗了小陈，他早就点击了“发货”，接着就使用拖延战术，10天后顺理成章地收到了货款，销声匿迹。

不要被任何的理由说服自己在收到货之前点击确认收货。切记，点击确认收货是一定要在收到货后进行，正常的卖家是不会引导买家先确认的。网购一定要关注交易超时，以免系统自动打款！自卖家发货之日起，自动发货的商品是一天，虚拟物品是3天，快递、EMS、不需要运输时间达10天，平邮也不会长达30天。卖家在此时间内迟迟未发货，消费者应及时申请退款。

先打钱再发货

骗子在网络上发布超低价商品信息，诱使购买者点击链接进入虚假网站，同时填写个人信息资料和网银账户、密码，避开第三方支付监管进行支付确认。

当购买者付款后，对方即玩失踪。甚至在虚假网站上植入木马，盗取客户网银账户、密码后转走所有存款。

案例

某日，郑先生在一家购物网上看中一款笔记本电脑，只要1999元。于是郑先生立刻下单订货。“由于这个是特价品，为安全起见你得先把钱交了，我们才能发货。”于是，郑先生向对方账户里汇了2000元。在这之后，郑先生迟迟等不到对方的货，才发现自己被骗了。

在网上购物不要轻信过分廉价商品，当支付出现异常时应立即停止转账，冻结账户，迅速更改密码。

网络安全贴士

网购受骗维权有三大难点，一是不少网上卖场依托知名网站让人受骗。二是大多数消费者无法查到网络卖家的实际信息。三是网购维权法律有缺失。在交易中，双方并不签订合同，双方的权利义务没有约定，不易分清责任，此外，网络消费虽然总体数量很大，但个人消费额度一般较小，发生问题后，消费者费时费力寻找证据提请诉讼，成本过高，所以很多消费者选择忍气吞声，放弃诉讼。消委会工作人员提醒网上购物者不要轻易付费，最好等收到商品检查满意后，再将钱转到销售商账户上；由于网络的安全性问题，最好不要将自己的工资账户用来转账，可单独开设一个账户专门用来网上购物；对售价远低于市场价的商品要多留心，最好向销售商或网上购买过此类产品的消费者多咨询，确认后再进行交易。

网络约会不可大意

对身处信息时代的人们来说，网络是一种难以避免的交流方式。1998 年 11 月，中国最大的互联网综合服务提供商腾讯正式成立，由此进入网络聊天时代，从此，网络聊天占据了每个人的生活，随后 MSN，E-mail 渐渐流行，很多人进入了网络恋爱的虚拟空间。

可以说，网恋是人际交往的一种新变化，也是一种新的生活方式。人们和异性的交往，从最早的媒人介绍，到后来的书信、电话联系，到现今的网络交友，由相互间可以看到、听到、接触到现在的隔空谈情说爱。

通过网络进行恋爱乃至走向婚姻，可以打破身边狭隘的人际交往圈子，有扩大选择面的作用。不过，不是每个网恋都会以美好结局而告终，更多的是“见光死”。

案例

2011 年国庆节前，王红在聊天室里被“法律反抗牢”这个极酷的名字吸引。在连续几天的 OICQ 网上聊天后，王红逐渐对这个从打架斗殴走上犯罪道路的“另类”青年产生了怜悯和同情。

网上相遇的第 10 天，两个仅仅通过屏幕文字交流的人约定相见，王红发现，“法律反抗牢”脸有刀疤、有纹身，觉得见到这个人的一瞬间就有些后悔。然而，王红竟会在害怕的同时，依旧控制不住地想和他接近。在王红犹豫之际，“法律反抗牢”突然将她搂住。几天以后，两人再次见面吃饭。这一次，趁着王红去洗手间的时候，“法律反抗牢”把一片安眠药悄悄放进她的饮料杯。不料，由于一个朋友的意外闯入，回到座位后

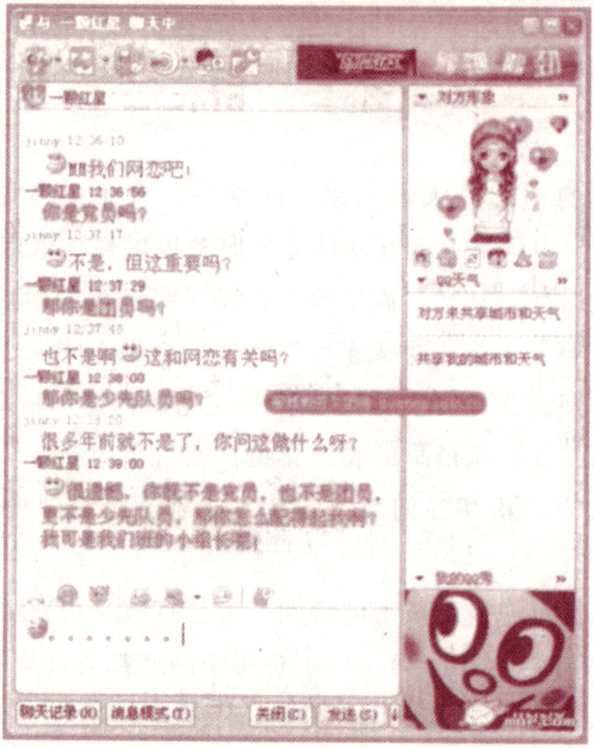

◆网恋可信吗

的王红并没有接着喝饮料，而是起身离开了饭馆。

但是，厄运没有放过王红。两人沿着护城河沿走到了永定门桥下，“法律反抗牢”一看天色已晚，顿时凶相毕露，抽出准备好的铁锤，狠狠地砸向王红的头部，抢走了王红的手机。

这种以网友见面为幌子实施偷盗、抢劫、勒索钱财的行为，是传统犯罪在网络延伸的最常见犯罪形式。

网络是虚拟的，是不真实的，可是却常常被人们当成真实的，尤其是青少年学生，成为这部分人的主力军。或许是因为他们在现实世界中太过压抑，他们在网络中尽情地谈心，在网络中尽情地恋爱。可是当网友不再与他们联系时，心中难免会有深深的刺痛，甚至会就此形成无法愈合的伤口。因此，拒绝网络恋爱，是青少年学生应该做的。要明白，网络是虚假的，而网络中又经常会出现骗人的手段。

情色陷阱

目前，一些犯罪分子为了达到敲诈勒索的目的，往往用年轻漂亮的“女网友”作为饵料，引诱花心男子自投罗网。而青少年学生，正处于青春懵懂期，往往成为被猎取的对象，以致自毁本该会不错的前程。

案例

“色情敲诈”团伙的头目是24岁的洪相飞，紫霜则是整个团伙中年龄最小的一个。虽然还没过14岁生日，在重点中学读初一的紫霜却显得很成熟，并且取了一个“迷人女孩”的网名，老道地运用色情手段勾引男学生，多次与团伙其他成员联合实施“赚钱计划”。

2002年4月12日下午1点多，紫霜上网开始“作口”。不一会儿，“迷人女孩”就勾住了抚顺市一个19岁的中学生，相约晚上8点在一家网吧见面。

当晚，洪相飞等人来到网吧，看到紫霜正在和一个男学生边聊边上网，于是按照预定计划开始行动。他们上前拦住出来打电话的男孩：“我妹妹这么小，你怎么还敢欺负她？我都看到你动手了……你是公了，还是私了？不拿钱，就送你去公安机关。”

男孩稍有迟疑，洪相飞便大打出手。迫于对方的淫威，男孩不得不答应回家拿钱。

凌晨，洪相飞等人到男孩家取钱时，被得知消息的警方一网打尽。

除了骗钱之外，骗色是犯罪分子利用网络实施的另一种常见的传统犯罪方式。当越来越多的人开始迷恋“网上交友”时，心怀叵测的贪婪目光也同样在网上搜寻着“猎物”，“网上色狼”的爪子伸向了一个又一个天真轻信的女学生。

网络安全贴士

犯罪分子利用网络手段实施传统犯罪时，往往通过聊天、网络游戏等手段与涉世不深的少男少女结成亲密无间的“网友”，一旦时机成熟就会露出狰狞的面目。

第五章　拒绝网络诱惑

自觉抵制网络低俗

网络的普及不仅方便了人们的学习、工作，也丰富了人们的生活。但是，一些不法之徒常常利用网络抛出形形色色的诱饵。网络色情、网络诽谤、网络恐吓、网络赌博、网络诈骗等一系列网络犯罪中，强奸、抢劫、绑架甚至杀人等已经成为网络虚拟空间中的致命毒瘤。

而包括“淫秽”、“色情”、“低俗”在内的网络低俗问题也日益严重。

网络低俗内容主要包括不符合法律法规的内容，宣扬血腥暴力、凶杀、恶意谩骂、侮辱诽谤他人的信息；容易诱发青少年不良思想行为和干扰青少年正常学习生活的内容，包括直接或隐晦表现人体性部位、性行为，具有挑逗性或污辱性的图片、音视频、动漫、文章等，非法的性用品广告和性病治疗广告，以及散布色情交易、不正当交友等信息；侵犯他人隐私的内容，包括走光、偷拍、露点，以及利用网络恶意传播他人隐私的信息等；违背正确婚恋观和家庭伦理道德的内容，包括宣扬婚外情、一夜情、换妻等的信息。

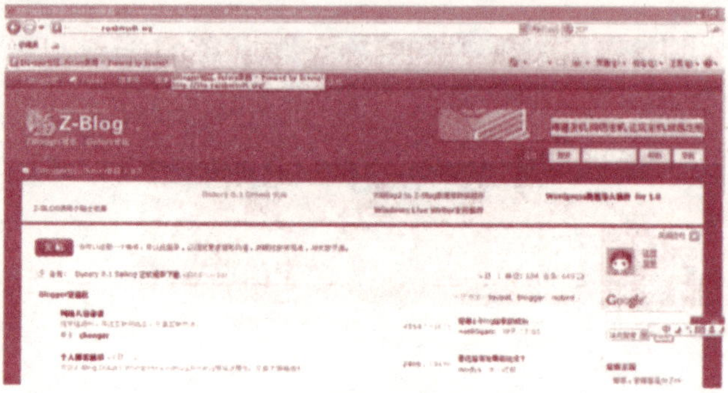

◆网络论坛

网络低俗判定标准

1．淫秽

淫秽内容主要包括七个方面：

淫亵性的具体描写性行为、性交以及心理感受；宣扬色情淫荡形象；淫亵性的描述或者传授性技巧；具体描写乱伦、强奸以及其他性犯罪的手段、过程或者细节，可能诱发犯罪的；具体描写少年儿童的性行为；淫亵性地具体描写同性恋的性行为或者其他性变态行为，以及具体描写与性变态有关的暴力、虐待、侮辱行为；其他令普通人不能容忍的对性行为淫亵性描写。

2．色情

色情是指整体上不属淫秽，但其中一部分对普通人，特别是未成年人的身心健康有毒害，缺乏艺术价值或者科学价值的文字、图片、音频、视频等信息内容。

3．低俗

低俗是对青少年构成毒害的，以及危害社会公德或者民族优秀文化传统的内容。它不完全是一个法律准则，也不完全是道德规范。

◆裸聊

畅游安全绿色网吧

“绿色网吧”实际上就是利用学校的电脑房，在节假日变成供学生上网的地方。在“绿色网吧”，由于不良信息已经被过滤，不仅家长放心，也为同学们的日常学习和生活提供了方便。

◆网吧

绿色网吧是指经过一定过滤、屏蔽等技术手段，剔除不良网站后，专供未成年人上网的网吧。

绿色网吧是针对青少年上网而开辟的一个专门性的网吧，任何一个网吧要开辟绿色网吧必须辟出一个专门的区域，对未成年开放的时间为国家法定节假日的 11 ~ 21 时。

未成年人每日在绿色网吧上网累计时间不得超过 3 个小时。未成年人须由家长带领在绿色网吧办理未成年人专上网卡，同时家长与网吧须签订相应的协议。家长可查看孩子的上网记录并监督孩子的上网行为。绿色网吧应配备 2 ~ 3 名专门管理人员及义务辅导员。

网络安全贴士

人们在充分享受网络多彩生活的同时，也常常无奈地咀嚼着网络生出的一个又一个苦果。有些人因为警惕性差，面对来自网络的诱惑极易上当。他们或者被骗钱骗物，或者被骗情骗色，或者被不良网友当作从事违法犯罪活动的工具，甚至还有人付出了生命的代价。

不要沉迷色情裸聊

伴随着新经济的发展，互联网逐渐成为了世界的主导，在短短数十年的时间里，网络变得越来越完善。网络的发展也促进了通讯手段的变化，传统的交流方式已经不能满足人们的要求。从 E-mai 到 Internet Phone，网络带来了通讯速度的提升，更降低了通讯成本。

而随着宽带网络的普及，人们对网络通讯也有了进一步的要求。宽带网络的发展，改变了传统网络通讯的质量和形式，使交流不再只是局限于普通语言文字，利用视频让天各一方的朋友能够彼此相见。视频聊天利用网页技术，客户端技术运用可视化的数码工具来聊天。它拉近了人与人之间的距离，使我们的地球变成了一个真正的“村落”，让更多的人体会到了“身隔千里远，情系一线间”的快感。

视频聊天通讯的存在大大减少了国内外联系的成本，提高了效率。作为实现视频聊天的辅助工具，除了一台配置中等的电脑外，还需要配备一个“眼睛”。通过它你可以看到对方的容颜，也让对方一睹你的风采。可以用来视频聊天的工具有数码相机、摄像头。摄像头画质清晰，捕捉画面速度快，价格便宜。另外，由于一般摄像头采用 USB 接口，还可以集成一些诸如拍照（罗技摄像头）、存储（蓝科火钻“蓝睛灵”）之类的功能，使用范围广。

在网络上很容易接触到色情内容，不仅对青少年构成了威胁，即使是成人也难挡诱惑。

案例

卫某，25 岁，初中文化，个体经营者，有违法犯罪前科，经常利用网络进行不法勾当。

2006 年 4 月 17 日凌晨 1 时左右，卫某在网吧上网聊天，和网名“活色生香”的高某聊天。他说自己是上海人，做房地产和钢材生意，想找个情人，一个月给两万元……高某说她是大学老师，还介绍了年龄、身高、体重。两人互相加为好友。第二天晚上，卫某又在网吧上网和她聊天，向高某提出认她做妹妹的要求，声称可以领她去见世面。然后，在卫某的要求下，高某在所处的寓室脱光了全身的衣服，并按他的要求做各种动作，长达两个多小时。而这些举动通过网络视频传输，全部暴露在卫某所在网吧的电脑上。在此期间，卫某不失时机地”、“咔”了 15 张高某的裸照，并储存到自己的电子邮箱内。此时，卫某全部掌握了高某手机号码、工作单位等详细而真实的个人情况。

第三天，两人又用QQ聊天，卫某再次提出要高某“脱衣视频”时被拒绝。卫某就从15张裸照中选了比较“刺激”的一张传给高某看，并提出：“要解决问题，给钱。要不然，把裸照打印出来在你那个大学散发，让你没脸见人。”

高某原以为他在开玩笑，等明白事情真的发生了之后，震惊、羞愧、懊丧……一瞬间的复杂心情让她万念俱灰了。最后，她答应第二天给卫某3000元钱了事。

可破财真能让这场灾祸结束吗？高某犹豫不决了一整天，而卫某催促、威胁的电话又打来了。高某在残酷的事实面前昏溃了好几天，终于还是决定报警。

4月21日，卫某在双方约定地点向受害人高某索要钱财时，被民警抓获。

网络安全贴士

网上各类色情信息的泛滥，对同学们的影响大、毒害深，是导致网络“裸聊”现象出现，甚至导致犯罪的一大诱因。

上网时经常会接触到色情网站，不能一时冲动寻求刺激。

不做黑心·网络黑客

黑客是对英语 hacker 的翻译，hacker 原意是指用斧头砍柴的工人，最早被引进计算机圈则可追溯至 20 世纪 60 年代。

莫里斯是康奈尔大学的高材生，他的父亲是美国国家安全局国家计算机安全中心首席科学家。自从他在 1988 年的第一次工作过程中戏剧性地散播出了网络蠕虫病毒后，成千上万的电脑受到了影响，并导致部分电脑崩溃。“Hacker”一词开始在英语中被赋予了特定的含义。

黑客仿佛是网络中的超级间谍，狡猾地不断截取用户口令等网络中的“机密文件”，利用这些口令欺骗网络中的“哨兵”，长驱直入互联网中的用户电脑。入侵得手，立即反客为主，并闪电般地自我复制，抢占地盘。

黑客们破解系统或者网络基本上是一项业余嗜好，通常是出于自己的兴趣，而非为了赚钱或工作需要。

60 年代加拿大传播理论家马歇尔·麦克卢汉曾经预言，电子媒介可以把地球变成一个村落，他不无乐观地指出：“信息的即索即得能创造出更深层次的民主，未来的全球村舒适而开放。”然而，这个村落既没有“乡规民俗”，更缺少道德法律。而那些电脑领域的天才型人物也就登堂入室高挂“黑客”招牌，在比特世界里神出鬼没为所欲为。一些介乎鬼才与天才之间的黑客精英在网络游荡过程中，稍不留神就犯下了弥天大祸。

案例

凯文·米特尼克是第一个被美国联邦调查局通缉的黑客。他的名声盛极一时，相当多的人认为凯文·米特尼克是世界上“头号电脑骇客”。

1964年，凯文·米特尼克出生在美国洛杉矶一个中下阶层的家庭里。3岁时父母就离异了，他跟着母亲劳拉生活，由于家庭环境的变迁导致了他的性格十分孤僻倔犟，学习成绩也不佳。但实际上他是个极为聪明、喜欢钻研的少年，同时他对自己的能力也颇为自信。

20世纪70年代末期，米特尼克还在上小学的时候就迷上了无线电技术，并且很快成为了这方面的高手。后来他很快对社区“小学生俱乐部,,里的一台电脑着了迷，并在此处学到了高超的计算机专业知识和操作技能。当米特尼克刚刚接触到电脑时，就已经明白他这一生将与电脑密不可分。他对电脑有一种特殊的感情。电脑语言“0，1”蕴涵的数理逻辑知识与他的思维方式天生合拍，在学习电脑的过程中，米特尼克几乎没有遇到过什么太大的障碍。他编写的程序简洁、实用、所表现的美感令电脑教师都为之倾倒。

他的电脑知识很快便超出了他的年龄。直到有一天，老师们发现米特尼克用本校的计算机闯入其他学校的网络系统，他因此不得不退学了。美国的一些社区里提供电脑网络服务，米特尼克所在的社区网络中，家庭电脑不仅和企业、大学相通，而且和政府部门相通。这些电脑领地之门都会有密码的。这时，米特尼克脑中形成了一个异乎寻常的大胆的计划。

在15岁的时候，米特尼克仅凭一台电脑和一部调制解调器就闯入了北美空中防务指挥部的计算机系统主机。

他和另外一些朋友翻遍了美国指向前苏联及其盟国的导弹核弹头的

◆凯文·米特尼克

数据资料，然后又悄然无息地溜了出来。这成为了黑客历史上一次经典之作。

在成功闯入“北美空中防护指挥系统”之后，米特尼克又把目标转向了其他的网站。

20 世纪 80 年代初正是美国电话业开始转向数字化的时候，米特尼克用遥控方式控制了数字中央控制台的转换器，轻而易举地进入了“太平洋电话公司”的电脑，使他可以任意地拔打免费电话，还可以随意偷听任何人的电话。太平洋电脑公司开始以为电脑出现了故障，经过相当长时间，发现电脑本身毫无问题，这使他们终于明白自己的系统被入侵了。1981 年，米特尼克和同伙在某个假日潜入洛杉矶市电话中心盗取了一批用户密码，毁掉了其中央控制电脑内的一些档案，并用假名植入了一批可供他们使用的电话号码。这次事件闹得很大，不久电话公司便发现了并向警察局报案。警方进行了周密的调查，可始终没有结果。

他开始着手攻击联邦调查局的网络系统，不久便成功进入其中。一次，米特发现联邦调查局正在调查一名“黑客”，便翻开看，结果令他大吃一惊——这个“黑客”是他自己。不久，米特尼克了解了详情，就对他们不屑一顾起来。

直到有一天，一名米特尼克同伙的女朋友向警方举报，这时才真相大白。由于当时网络犯罪很新鲜，法律也没有先例。17 岁的米特尼克年纪还尚小，法院只有将他关进了“少年犯管所”监禁 3 个月，外加一年监督居住。

老师们赞叹他是一位电脑奇才，认为他是个很有培养前途的天才少年。但首次监狱生活不仅未使他改过自新，反而使他变本加厉在网络黑客的道路上越走越远。

被释后，米特尼克干脆申请了一个号码为“XHACKER”即“前黑客”的汽车牌照，挂在自己的尼桑车上。

然后，脆弱的网络系统对米特尼克具有巨大的挑战，他在网络上横行无忌，把攻击目标转向大公司，时而潜入软件公司非法窃取其软件，时而进入电脑研究机构的实验室制造麻烦，并继续给电话公司捣蛋。在很短的时间里，他接连进入了美国 5 家大公司的网络，不断破坏其网络系统。

1988 年，DEC 指控他从公司网络上盗取了价值 100 万美元的软件，并造成了 400 万美元损失。他再次被执法当局逮捕，甚至未被允许保释。心有余悸的警察当局认为，他只要拥有键盘就会对社会构成威胁。米特尼克被判处一年徒刑。一年之后，他又马上施展绝技，成功地侵入了几家世界知名高科技公司的电脑系统。根据这些公司的报案资料，联邦调查局推算它们的损失共达 3 亿美元。

1994 年圣诞节，米特尼克向圣迭戈超级计算机中心发动了一次攻击，《纽约时报》称这一行为“将整个互联网置于一种危险的境地”。米特尼克被处 1 年徒刑，并且被禁止从事电脑网络的工作。等他出狱后，联邦调查局又收买了米特尼克的一个最要好的朋友，诱使米特尼克再次攻击网站，以便再次把他抓进去。结果米特尼克竟上钩了，但毕竟身手不凡，在打入了联邦调查局的内部后，发现他们设下了圈套，然后在追捕令发出前就逃离了。通过手中高超的技术，米特尼克在逃跑的过程中，还控制了当地的电脑系统，知道了关于追踪他的一切资料。

后来，联邦调查局请到了被称为“美国最出色的电脑安全专家”的日裔美籍计算机专家下村勉。下村勉开始了漫长而艰难的缉拿米特尼克行动。他费尽周折，马不停蹄，终于在1995年发现米特尼克藏匿在北卡罗来纳州一个小镇，并通知联邦调查局将其捉获。1995年2月，米特尼克再次被送上法庭。

在法庭上，带着手铐的米特尼克看着第一次见面的下村勉，由衷地说：“你好呀，下村勉，我很钦佩你的技术。”

律师在为他辩护时称：“黑客行为犹如吸毒，靠当事人的理智绝对无法改变这一行为。”米特尼克一心扑在电脑上，黑客行为使他感到兴奋不已。

这次，他被指控犯有23项罪，后又增加25项附加罪。还在狱中时，有一次米特尼克不知从哪里弄到一台小收音机，将之改造后竟然试着联了网，为此他被监狱当局从普通牢房转到隔离牢房，实行24小时连续监管。

1997年12月8日，米特尼克的网络支持者，要求美国政府释放他，并通过不断的攻击各大政府网站的行动来表达自己的要求。这群黑客甚至还专门制了一个名为“释放凯文”的网站。他们宣称，一旦米特尼克获释，他们将提供病毒的破解方法。一时间，因特网又陷入了一次新的恐慌之中。

审判一直进行到1999年3月16日，米特尼克承认其中5项罪名和两项附加罪，总共被判刑 68 个月，外加 3 年监督居住。联邦调查局还指控他造成了几亿美元的损失，控方要求的赔偿额是 150 万美元。据米特尼克的侵入行为导致他们蒙受大约 2.9 亿美元的损失。这些受害者包括高科技大公司如 Sun 系统公司、Novell 电脑公司、NEC 美国公司以及诺基手机公司等。

2000 年 1 月 21 日，美国法庭宣布他假释出狱，几乎当今所有依赖电脑和网络的公司、企业都开始了胆战心惊的生活，人们害怕他会重操旧业。出狱后，米特便不断地在世界各地进行网络安全方面的演讲。

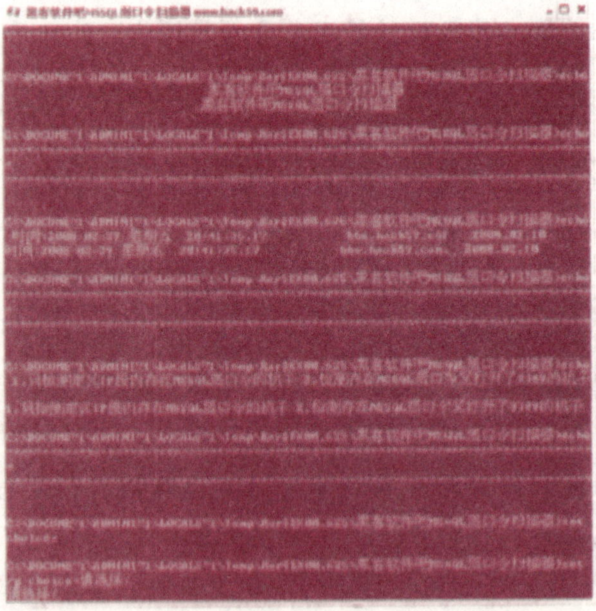

◆黑客软件

米特尼克曾说：巡游五角大楼，登录克里姆林宫，进出全球所有计算机系统，摧垮全球金融秩序和重建新的世界格局，谁也阻挡不了我们的进攻，我们才是世界的主宰。

网络安全贴士

一般的黑客所作所为与通常人们所熟悉的犯罪不同，他们所做的这一切似乎都不是为了钱，当然也不仅仅是为了报复他人或社会。

黑客玩电脑、入侵网络似乎仅仅是为了获得一种强大的权力。他们对一切秘密的东西、对解密入侵电脑系统十分痴迷，为此可以放弃一切。

许多世界顶级网站、超级公司一听到黑客这个名词，便犹如谈虎色变般的恐惧。对于黑客的存在，每个网民都有着不同的看法，有些人喜欢黑客，更喜欢做黑客，因为他们认为这样能体现自己的能力和价值。然而更多的人憎恨黑客，甚至要求国家法律对那些黑客进行严惩。

维护网络语言健康

网络体系崛起后，根据生产关系必须适应生产力发展的原理，适应网络传播的内容在新媒体这种形式崛起后也迅速发展起来，网络文学、短信文学、网络语言很快地流行和普及开来，这种网络和手机文化适应了当代快节奏的生活的要求。

网络语言是伴随着网络的发展而新兴的一种有别于传统平面媒介的语言形式。网络语言一诞生就得到了广大网友的偏爱，发展神速。为了提高网上聊天的效率或某种特定的需要，网民采用拼音或者英文字母的缩写，还含有某种特定意义的数字，以及形象生动的网络动画和图片，久而久之就形成特定语言了。

网络上冒出的新词汇约定俗成，很快就得到网民的接受。网络语言使得很多在汉语言文学中没有“合法地位”的词语在一夜之间如雨后春笋般成长起来，例如“偶”代表“我，“粉丝”是追星族的意思，“菜鸟”代表新手。

◆ 屏蔽不良网络用语

如今，网络语言的粗俗化有愈演愈烈之势，并开始向传统媒体渗透，甚至有些粗话已登堂入室成为传统主流媒体的新宠。

网络语言的利与弊

1．创新性

创新性是网络语言最大的特点。网络语言不受外来的束缚，构思更为巧妙，常常语出惊人、令人瞠目，最大限度地反映出每个人在语言上的创造力。其创新性主要体现在词汇和语法三个方面：二是对已有词语的变异使用及新词新语的创造；一是对常规语法的突破。例如：“灌水”原指向容器中注水，在网络中则表示在网上发表长篇大论而又内容空洞、“水分”含量高的文章；三是在网络中使用自创的新词语，如“菜鸟”，指初上网的新手；“东东”意指“东西”；“偶”是“我”的一种比较调皮的说法，并由此推衍出“偶们”。

除在构词法上的随意组合、任意搭配外，网络语言在句式的选择上也常采用港式语法的说法，像“难过得死掉了”之类句式的使用，只是表明紧随时尚罢了；还在句末常用“喔、噢、的噢”等语气词作语缀，如“要记着去捧场噢”、“慌乱是会出错的噢”等。

2．经济性

出于节省上网费和上网时间的考虑，网络语言还具有明显的经济性特征。这一点与秦始皇时代出于快速书写而产生隶书极为相似。网络语言用字节俭，尽量突破传统书写符号的局限，改变词语形、音、义方面的约定俗成，创制了新的形音义的结合体，产生了字母词、数字词、图形符号等，并依靠这些简单的符号传达丰富的思想感情和内涵。网络中的语言符号主要分为以下几种情况：

（1）缩写拼音，如“GG（哥哥）、DD（弟弟）、PPMM（漂亮美眉，即漂亮的女性网民）等；

（2）数字和字母的谐音，如“1314（一生一世）；

（3）混用英语、拼音、数字，如：u2（you too 你也是）。

3．形象性

也许是受汉语象形字的启发，网民们还充分利用键盘上的符号，象形创制了许多极为生动形象且风趣幽默的表情和动作的图形，用以表达自己的喜怒哀乐，来模拟现实交际。

网络语言的形象性还表现在一些形象的网络词语上。如把网民称为“网虫”，把“这样子”连续为“酱紫”这些词语往往给抽象、平淡的概念赋予了具体可感的生动形象，形成了网络语言的形象性的风格特点。

由此可见，网络语言对现有语言成分的改变主要体现在“形”上，它是用最简洁的“形”来巧设言语交际的跨度，缩短信息交际的宝贵时间，并且这种跨度的设置，在一定的语境中，人们凭借自己的知识储备，完全可以理解，甚至乐于使用，满足其刺激性。

4．诙谐性

诙谐性是网络语言更为吸引人主动使用并进行传播的又一特点。网络常为有闲、有情人士所光顾，网民的相对年轻化更使网络语言充满活力，他们营造出轻松幽默的阅读氛围。如“菌男”、“霉女”是指相貌丑陋的男女。这两个词一方面与“俊男、美女”谐音，反其义而用之；另一方面“菌”、“霉”能立刻使人想到过期、变质的食物，都具有很强的反讽效果。

在充分享受到网络语言给我们带来的新奇与诱惑的同时，作为人们思考交际的载体，其弊端也不容忽视。

1．网络语言粗俗泛滥

在网络语言不断追求个性、不断创新的洪流中，语言的粗俗化也确实成为一帮人的低级趣味。中国的语言文字博大精深，造就了许多优美的词句。但网络语言如此简单、草率、另类，对于正在接受常规教育阶段的青少年来说，如果长期使用网络语言，会对自己对语言的感悟能力和运用能力有不同的影响。如今的网络语言可以说到处充斥着粗俗、轻佻。

2．网络语言语意模糊

语意表达模糊也是网络语言难登大雅之堂的另一个原因。网络语言给网民们带来了便利，同时也出现了让我们这些以汉语为母语的人看不懂的现象。不是所有人都能完全了解网络语言，网络语言对于从未接触过电脑或电脑初学者，简直就像密码那样难以弄懂。其主要表现为：

（1）形式上符号化

在电脑上输出文字时，习惯上会带有相关的符号语言，例如：:—)；

：—D；：—C，等等。

（2）数字化

运用数字及其谐音可以更好的表达自己的想法。例如55、88、562059487（我若爱你我就是白痴）等等。

（3）字母化

类似于数字的运用，字母也有表情达意的功效。如：BT（变态的缩写），PMP（拍马屁），BF（boy firend 的缩写，即男朋友），等等。

3．网络语言使用不规范

表现为在语意上有很大的不确定性和不稳定性。很多网民喜欢“创新”新词,是网络语言带来很大的不确定性,其词语意思很容易转换。如：“菜鸟”指的是最初设计网络的人，后来成为泛指对于任何领域或内容只有粗浅了解的人；如“K”字母有“骂人、扁人的意思”，但用在网络聊天的时候也有让别人动作快一点的意思。由于网络语言缺乏规范，使得一些不良人士胡乱制造网络语言，使其蒙上了一层阴影，特别是对于青少年的文体写作产生了负面影响。他们接受新事物的能力，运用新鲜事物的能力都很强，写出来很多带有网络语言的词汇是很多家长和老师看不懂或者形成误解。网络语言的构词造句带有很大的随意性，离开网络，网络语言如同无水之鱼。

4．网络语言对于中华汉字造成了一些不良影响

主要是究于网络语言的不确定性，一旦离开了网络，网络语言的语意就容易出现变换，使人曲解其意。一些中小学生在写作文的时候，使用大量的网络用语，这些词语完全违反了常规的语言构词造句方法，看不懂的人感觉是驴唇不对马嘴。而中国的汉字则代表了5000年来经过历史文化的传承，不断地去粗取精留存下来的精髓，这些文字能够经得起推敲，不会像网络语言那样随意性很大，其庄重而威严，是国家

文化繁荣的象征。如果网络语言纳入中华汉字的体系当中势必会造成混乱。

网络安全贴士

同学们不要过于追求使用新奇的网络语言，特别是一些不健康的侮辱他人的词语。

另外，习惯了用电脑打字的人再用手写字时，会觉得一些原本十分熟悉、非常简单的常用字都想不起来怎么写。所以不要过分依赖电脑，要坚持每天用笔写字。

不做网络暴力帮凶

网络暴力是指一定规模数量的网民借助网络的虚拟空间用语言文字对人、事件进行讨伐与攻击，不同于现实生活中拳脚相加血肉相搏的暴力行为。

“暴力”、“围攻”、“伤害和威胁”、“恶搞”、“砍下坏人的头”、“管理不善”等叙述强烈暗示了“网络暴力”的社会危害。

网络暴力是在网上发表言论，达到侮辱别人、诽谤别人的目的，侵犯别人的名誉权，如果达到一定程度，《侵权责任法》上有规定，属于侵犯名誉权的行为。网民如果对诽谤、侮辱他人的信息，不加判断就主观地进行传播，这种行为客观上对他人造成了伤害，也是一种侵权行为。

☆网络暴力巨大的杀伤力，是参与口诛笔伐的网民成千上万，在数量规模上形成了一定的强势，使立场与观点具有权威性。

☆“网络暴力”突破了现实社会中人与人交往的道德底线，伴随着侵权行为。

☆一些事件还未经证实，就有网民发表具有攻击性、侮辱性的言论，使当事人名誉受损，心理承受重压，一些网民甚至还挖掘出当事人的个人隐私，侵犯其隐私权。

◆网络暴力

网络论坛分类

网络论坛是一个和网络技术有关的网上交流场所。一般就是大家口中常提的 BBS。BBS 的英文全称是 Bulletin Board System，翻译为中文就是“电子公告板”。BBS 最早是用来公布股市价格等类信息的，与一般街头和校园内的公告板性质相同，而且连文件传输的功能都没有，只能在苹果计算机上运行。因为现在的网络知识流行太快，每个行业都有自己在网络中进行交流的一块区域。

早期的 BBS 只不过是通过电脑来传播或获得消息而已。一直到个人计算机开始普及之后，有些人尝试将苹果计算机上的 BBS 转移到个人计算机上，BBS 才开始渐渐普及开来。近些年来，由于爱好者们的努力，BBS 的功能得到了很大的扩充。

论坛的发展也如同网络，雨后春笋般的出现，并迅速发展壮大。现在的论坛几乎涵盖了我们生活的各个方面，几乎每一个人都可以找到自己感兴趣或者需要了解的专题性论坛，而各类网站，综合性门户网站或者功能性专题网站也都青睐于开设自己的论坛，以促进网友之间的交流，增加互动性和丰富网站的内容。

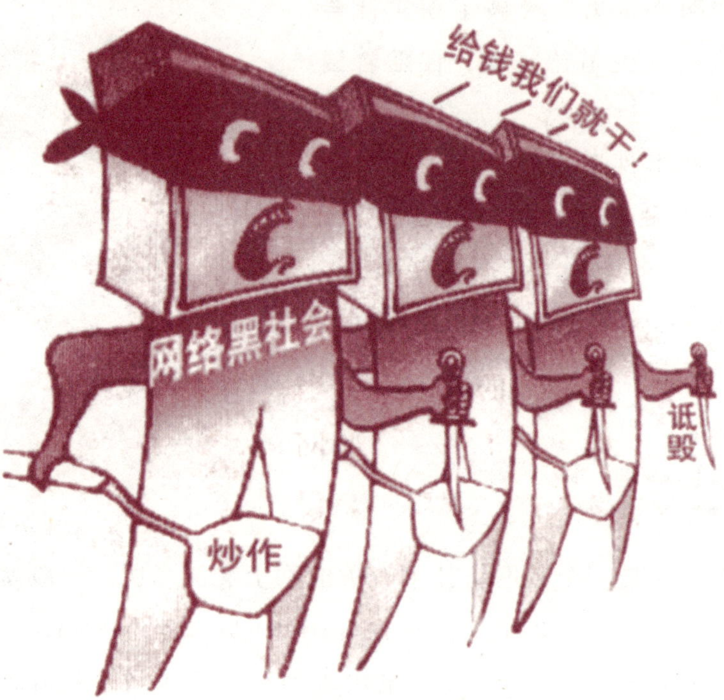

◆网络黑社会

1. 综合类论坛

综合类的论坛包含的信息比较丰富和广泛，能够吸引几乎全部的网民来到论坛，但是由于推广易而难于精，所以这类的论坛往往存在着弊端即不能全部做到精细和面面俱到。通常大型的门户网站有足够的人气和凝聚力以及强大的后盾支持能够把门户类网站做到很强大，但是对于小型规模的网络公司，或个人简历的论坛站，就倾向于选择专题性的论坛，来做到精致。

2. 专题类论坛

此类论坛是相对于综合类论坛而言，专题类的论坛，能够吸引真正志同道合的人一起来交流探讨，有利于信息的分类整合和搜集，专题性论坛对学术科研教学能起到重要的作用，例如军事类论坛、情感倾诉类论坛、电脑爱好者论坛、动漫论坛，这样的专题性论坛能够在单独的一个领域里进行版块的划分设置，但是有的论坛，把专题性直接做到最细化，这样往往能够取得更好的效果，如养猫人论坛、吉他论坛等。

◆网络需要文明

3．交流性论坛

交流性的论坛又是一个广泛的大类，这样的论坛重点在于论坛会员之间的交流和互动，所以内容也较丰富多样，有供求信息、交友信息、线上线下活动信息、新闻等，这样的论坛是将来论坛发展的大趋势。

4．推广型论坛

这类论坛通常不是很受网民的欢迎，因其生来就注定是要作为广告的形式，为某一个企业，或某一种产品进行宣传服务的，从 2005 年起，这样形式的论坛很快成立了起来，但是往往这样的论坛，很难具有吸引人的性质，单就其宣传推广的性质，很难有大作为，所以这样的论坛寿命经常很短，论坛中的会员也几乎是由受雇佣的人员组成而非自愿的组成。

5．地方性论坛

地方性论坛是论坛中娱乐性与互动性最强的论坛之一。不论是大型论坛中的地方站，还是专业的地方论坛，都有很热烈的网民反响，比如百度长春贴吧、北京贴吧或者是清华大学论坛、一汽公司论坛等，地方性论坛能够更大程度地拉近人与人的距离，另外由于是地方性的论坛，所以对其中的网民也有了一定的局域限制，论坛中的人或多或少都来自于相同的地方，这样既有那么点点的真实的安全感，也少不了网络特有的朦胧感，所以这样的论坛常常受到网民的欢迎。

6．教学型论坛

这类论坛通常如同一些教学类的博客，或者是教学网站，中心放在对一种知识的传授和学习，在计算机软件等技术类的行业，这样的论坛发挥着重要的作用，通过在论坛里浏览帖子，发布帖子能迅速地与很多人在网上进行技术性的沟通和学习。譬如金蝶友商网。

网络并非暴力街区

无论是打开明星的贴吧微博，还是浏览时事热点的网友留言，随处可见“脑残！”“变态！”“去死！”等辱骂语言，这类评论没有提出与事件相关的论点，更无逻辑可言。郎咸平被称作“狼叫兽”还属稀松平常，但凡当事人为女性的几乎都遭到过语言上的性侮辱，如今年颇受争议的“郭美美”、“卢妹妹”、“尤美美”，无一例外被骂“婊子”、“贱人”甚至被斥以更污秽恶毒的词汇。

有专家表示，一些网民没有能力把事情说清楚，或由于所掌握的信息量无法把事情分析透彻时，便通过语言暴力来表达情绪。另一方面，网民在现实生活中遇到挫折时，这种挫折感所产生的攻击动机便促使人们在不需为自己言论负责的网上施以语言暴力。网络形成的公共领域，也就被当成了网民情绪的释放场。

1. 谁来为网络谣言买单

案例一

77年前，25岁的阮玲玉在悲愤中离开了人世，身后只留下“人言可畏”四个字。如今，随着网络传播手段的推陈出新，互联网上每个人都能自由地发布信息、发表见解，但也给不实传言乃至恶意谣言的流行创造了条件，加之网上信息的真实性难以审核，大量虚假信息以讹传讹。这些谣言不仅侮辱了当事人名誉和人格，损害了网络公信力，甚至成为触发某些公共事件以致影响社会稳定的重要因素。

案例二

“我爸是市长！”今年9月，一场因为停车导致的口角和纠纷，随着这句话在围观人群中流传蔓延，事态迅速扩大，短时间内上千人聚集，肇事者马文聪和民警被团团围住，一时演化成了一起群体性事件。同时，“我爸是市长”通过微博也在网上疯传。然而，事后证明，这句掀起轩然大波的话是谣言。

又如“新疆滴血食物传播艾滋病”的谣言，在一定程度上引发了社会恐慌；听信一句“碘盐能防核辐射”的谣言，市民们大量抢购碘盐，一时造成市场秩序混乱。谣言制造者和散布者，或为一己私利，或对社会抱有某种目的，将故事编造得天花乱坠，引来不明就里者在网上围观、传播。一份有600名在校大学生参与的调查显示：41.6%的大学生曾被微博上的虚假信息误导过，而微博信息被官方辟谣之后，也仅有16%的同学愿意主动转发辟谣。

2．摘掉“网络暴民”的帽子

侵犯他人隐私，公然诽谤他人、侮辱他人人格，用谣言混淆视听……种种网络语言暴力的行为已对社会造成了严重危害，任何一个人都可能变成下一个受害者。

早在数年前，美国《纽约时报》就发文称，如果没有任何秩序，博客圈最终将变成一个令人生厌的场所。最早提出“Web 2.0”概念的蒂姆·奥莱利（Tim OReilly）在一篇旨在宣传博客行为准则的文章中表示，“从本质上讲，文明就是我们签署的共同协议，它是我们生活在一起的基础。”目前，我国网民数量已达4.85亿，微博用户超3亿。如此数量庞大的网民群体，倘若没有一定规则的约束，很难想象网络舆论不会导向混乱和暴力。

网络社会其实跟现实社会一样，需要约束和规范。一旦进入网络世界，就像新生儿出生在社会一样，必须拥有一张出生证，上面有你的名字和信息，从此你必须负起应有的法律责任。新华网社区互动部主管唐心怡表示，应该运用专家、社会力量及政府等多重力量，加强网民的网络道德意识建设，从而做到自律和自重。

网络论坛发帖原则

网络论坛是用于在网络上交流的地方，可以发表一个主题，让大家一起来探讨，也可以提出一个问题，大家一起来解决等，是一个人与人语言文化共享的平台，具有实时性、互动性。随着时代的发展。新新人类的出现。同时也使得论坛成为新型词语或一些不正规的词语飞速蔓延。例如，斑竹（版主）、罐水（灌水）、沙发（第一个回帖人）、板凳（第二个回贴人），因此，在交流的时候请注意，同时避免不正规的词语蔓延。

◆论坛灌水

人们有不同的文化、经历、看法或喜好，很难保持一样的意见。在网络世界中，网友们可以随意变换自身的身份，逃避现实世界对性别、地位或生活环境的无形束缚，放纵情感，任意发表自己的看法、观点。

在论坛开展积极活跃的讨论，甚至是谈论有争议性的话题，但是网友间的辩论应当有礼貌且相互尊重，因为论坛不是相互争吵的地方。

不文明用语言论、含有恶意言论或图片的帖子，例如亵渎、淫秽、粗话、对种族/少数民族的侮辱、贬损中伤、人身攻击、敌对或威胁等言论。

论坛欣欣向荣的基础是所有会员能感受到热情和安全，并可以轻松地分享看法和意见。

要尊重他人隐私，不得透露任何他人的真实姓名、家庭住址、电话号码或电子邮件地址。如果你将你自己的个人信息发布到论坛，会被其他人看到并利用，包括你不想交流的人。

不得上传受版权保护或在别处发表过的内容。我们要求会员不要在帖子里包含他们未经允许发布的信息，包括（但不限于）：来自其他网络或纸媒（新闻社、杂志、书籍、旅行指南、电视或电台节目副本）等受版权保护的材料及知识产权。

网络安全贴士

青少年具有叛逆性、想象力、颠覆性、不满于现状、充满幻想等诸多特点，自我表达欲也最强，因网络交流与青春文化之间的天然亲和力，使青少年占据了网民的绝大多数。

在网络中，青少年与现实生活表现不同，无所顾忌地袒露自我，尽情发泄反抗的欲望；面对现实学校学习生活的枯燥机械，青少年在虚拟网络释放着压抑的冲动和想象力，并泥陷其中，而不能自拔。

人肉搜索需要理智

人肉搜索引擎，是指利用人工参与来提纯搜索引擎提供信息的一种机制，实际上就是通过其他人来搜索自己搜不到的东西，与知识搜索的概念差不多，只是更强调搜索过程的互动而已。搜索引擎也有可能对一些问题不能进行解答，当用户的疑问在搜索引擎中不能得到解答时，就会试图通过其他几种渠道来找到答案，或者通过人与人的沟通交流寻求答案。

人肉搜索引擎最早起源于猫扑网，跟很多世界学习论坛一样，猫扑上面也经常有人问这个问题、那个问题。同时，猫扑有种虚拟货币叫做

Mp，问问题的人往往会用 Mp 来奖励可以帮助他们的人。虽然 Mp 不能吃、不能喝，但是还是有很多人醉心于挣取更多的 Mp。那些惯于通过回答问题挣取 Mp 的人，在猫扑一般叫做赏金猎人。

案例

2007 年 4 月，年过六旬的欧阳先生走在家门口的人行道上，莫名其妙被一辆快速倒车的轿车撞倒。他爬起来与肇事司机理论，反被司机钱军诬蔑偷车，继而遭到拳打脚踢造成重伤。凶手在20分钟内采用掌掴耳光、脚踢胸腹部等手段对老人肆虐，并最终将老人按倒在地，还要他当众跪下承认“偷车”。所幸该过程被事发住宅区的监控录像如实记录下来。直到 6 月 12 日，深圳新闻网将此事公布，并将记录整个过程的视频在网上公开，此举立即引起广大网民的愤慨。在短短数日时间，钱军及其配偶杨某的工作单位、地址、个人身份资料、家庭住址电话等公之于众，网友号召大家对钱军进行讨伐。在网络上，钱军不满 10 岁的女儿在哪间学校就读、他妻子在学校担任家长委员会会长的资料亦一一曝光。“是人渣，只能说应该送进去监狱，祈祷他出门被大卡车撞死”类似恶毒言语频现网络。更有网友迁怒派出所，号召网友致电派出所，质疑缘何事发两月仍没有将肇事者绳之以法。据钱军女儿的教师说，“孩子才上二年级，是未成年人，应该受到社会的保护，而不是伤害”。很多人又因此来询问孩子种种问题。

人肉搜索的参与者

如果网络上发布了一些违背人类公共道德和传统价值观念，以及触及人类道德底线的事件后，网民会发表一些批评言论，但这些语言文字刻薄、恶毒甚至残忍，已经超出了对于事件的正常评论范围，不仅人身攻击，恶意诋毁事件当事人，还对事件当事人进行“人肉搜索”，将真实身份、姓名、照片、生活细节等个人隐私公布于众。这些评论与做法，不但严重地影响了事件当事人的精神状态，更破坏了当事人的工作、学习和生活秩序，甚至造成严重的后果。

主要的参与者，可以分成三类：

一是发布者有真正怀着正义之心想借网络之力解决现实问题的人；二是在网络空间发泄自己不满与愤懑情绪的人，也有通过网络开无聊玩笑捉弄全世界人民的人；三是不怀好意地利用网络轰动效应获取私人之利的人。

主要事件的发布者，也就是最初在网上公开那些有背人类良心或是社会公德事件的人，他们所发布的信息，是引发网民注意力并参与讨论的焦点，也是形成暴力的导火线。

◆谁在制造网络暴力

所发布的事件往往有些共同点，都比较容易触动大众的道德神经和内心情感，引发他们对该事件的关注。他们的立场以传统的价值观为参照，往往容易取得网民在观点立场上的共鸣。

网络安全贴士

发帖一定要有耐心，不要作弊顶帖，也不要发一些哗众取宠的帖子，那样只会让你更加迷茫。回帖是对发帖者一种尊重和支持。回帖时要以一种客观的方式表达出来，这种评价需要中肯、真实，能够指出发帖者所发的帖子的一些不足和缺陷。回帖者往往比发帖者更加令人尊重，因为这对发帖者来说是一种无论是善意的批评还是真心的赞美，都是对发帖者辛苦发帖的一种无形的支持，是一股动力。

如果你有看法可以适当表达出来，但发表言论时要有所克制，不能造成对他人的侵害，否则就会越过道德的底线甚至违反法律。

最忌恐吓回帖，说些“不回帖，你 ××、你全家 ××”等言语。

网络赌博避而远之

网络赌博是利用网络进行下注或者参赌的行为，有“赌球”、“21 点”、“押大小”等多种形式。

网络赌博主要分为两大类：

一类是传统的赌博转移到网络上，利用网络互动性强、隐蔽性强、支付方便、证据保全难等特点开展赌博活动，由于网络的即时性和跨区域性更有可能大大增加参赌的范围，从而使网络赌博的数额不断升级。

◆网络赌博

另一类是网络游戏中衍生的一些赌博活动，即“变相的赌博类网络游戏”，涉及网络游戏服务、虚拟货币、第三方交易平台等多个环节，采取一些打法律“擦边球”的形式，赌资往往不直接与人民币挂钩。这种网络赌博形式一旦发展起来，由于其相当的隐蔽性和我国目前庞大的网络游戏用户的存在，其传播范围可能更广、发展变化更快。

网游赌博平台国际化、玩家分散性强，数量大、网游赌博人群年轻化，越来越多的青少年参与到网游赌博之中。

网络上的赌博加入了很多人们关注的话题，比如足球、赛马以及各种体育比赛。这样的赌博方式不仅能吸引赌徒，还能吸引球迷、马迷等其他受众参加。

参赌人员形形色色，有输掉几千万元的私企老板，也有输掉整个家庭积蓄的家庭主妇，有把整个单位同事都传染上网络赌瘾的公职人员，也有借钱赌博背上几十万元债务的无业人员。

案例

潘幼涛，原本开着一家效益不错的担保公司，家境殷实。2005年，因他生性好赌，通过朋友介绍，开始接触网络赌博。很快就赔得一干二净，不到一年连房子都输掉了。

潘幼涛虽然赌场失意，但通过赌博还是结识了很多“圈内人”。2009年初，一次偶然的机会，潘幼涛从一个朋友那里得知，开设网络赌场赚钱比较快。于是通过种种途径，他和开设在境外的“克拉克”百家乐网络赌场取得联系，并组织人员参与赌博，很快得到不错的回报。

之后，潘幼涛又通过一个朋友介绍，和缅甸蓝盾“百家乐”网络赌博公司取得联系，并以合股的方式取得该赌博公司的代理权。

蓝盾“百家乐”网络赌博公司的代理权确实很有诱惑力：潘幼涛得到总代理账号后，可以直接进行网上赌博活动，也可以进一步分出“分代理”账号，从而发展“下家”。而且，蓝盾“百家乐”网络赌博公司最初给予的分成比例也颇为诱人：获利后潘幼涛可以分得80 %；蓝盾“百家乐”网络赌博公司分得20%。

这种网络赌博行为类似传销：总代理每发展一个“下家”或者“下家”再发展“下家”，总代理都可以获得提成，“下家”越多总代理获利就越多。

潘幼涛意识到，只要他能“坐庄”，就完全可以置身于赌局之外，无论赌局输赢与否都稳赚不赔。唯一能影响收入的就是参赌人数和赌局的大小。

潘幼涛下了狠心，开始疯狂扩张。在4个月的时间内，潘幼涛先后从总账号分出10多个分代理，每个分代理均可直接投注参赌，也可再次分出分账号，盘子越铺越大。潘幼涛突出的工作“业绩”也逐渐取得上级赌博公司的肯定，其代理账号的授信额度也从最初赌博公司给予的5000万元不断提高，最终达到1.5个亿，其参与赌博的赌徒也达数十人之多。

潘幼涛开始着手设立种种职权明确的“专职”岗位：

“财务岗位”，具体负责人是何丽辉。每周通过银行转账的方式与蓝盾“百家乐”网络赌博公司进行结算，通过银行转账或者现金交割与下家结算。

“业务拓展岗位”，发展余建荣、陈军杰等作为下一级代理，并授权他们继续发展下家拓展“业务”，保持工作的连续性。

“追讨岗位”，指派叶友忠、彭冠军等人专门负责追讨赌债，确保利润及时归账。

“业务员岗位”，指示张根波等人负责将取得的代理账号发给参赌人员，由参赌人员在宾馆、家中或指定地方进行网络赌博……

潘幼涛的“赌博公司”有了分工明确、组织严密的公司结构，利润丰厚起来。在不到4个月的时间内，赌场资金流量就高达1亿多元，并致使大量资金流往境外。

潘幼涛的网上赌场按照资金流量的一定比例提取“洗码费”，由各级代理按合股比例或协商分成，近4个月他们就获得约200余万元的“利润”。

此外，如果他的各级代理“做庄”的话，潘幼涛还可以抽取比例不等的“头”。

在潘幼涛一伙“快速致富”的同时，不少赌徒却陷入了困境。

45岁的陈某曾是一家中型装潢公司的老总，每年有上百万元收入。陈某刚开始参赌时，曾在3天里赢了7万元钱。这一度让他很兴奋，以为网络赌博赚钱容易，是条发财的捷径。可在之后的一段时间，他几乎是输三场赢一场，而且赢的时候不过几万元，输的时候则是十几万元甚至几十万元。他输光了就借，真是赌红了眼。一个晚上下来。因为参与网络赌博，最多一个晚上就输了58万元。他发现自己半年的活都白干了，老婆也带着孩子走了。家里上千万元的积蓄已经被输光，公司也被抵押，负债200多万元。

潘幼涛参与“克拉克”百家乐网络赌场的行为被警方掌控。2009年6月，潘幼涛因犯开设赌场罪被余姚市人民法院判处管制1年，并处罚金

3000 元。

不过，潘幼涛在警方面前隐瞒了自己取得缅甸蓝盾“百家乐”网络赌博公司代理权的犯罪事实。潘幼涛开始和警方玩起了“捉迷藏”：经常随身携带电脑等作案工具四处流窜，逃避侦查。

◆赌博的诱惑

根据事先掌握的线索，警方在某公寓酒店将睡意朦胧的“总代理”潘幼涛抓获归案，并从当场缴获的电脑中获取了大量赌博信息。

潘幼涛落网后，警方 23 个由各警种组成的行动小组同时展开行动，先后抓获涉案人员 60 余名，收缴赃款 151 万元、涉案汽车 10 辆和电脑 31 台。

网络安全贴士

网上赌博完全是由软件控制的，输赢的几率庄家基本上完全都可以控制。

如果一个账号投注时连续几次赢的话，那么网络就会自动屏蔽该账号。参赌者只有换个账号才能继续投注，因此对赌徒而言注定会是输家。大多数玩家并不知情，沉溺其中，只会越输越多。

网络游戏引发犯罪

由于青少年缺少经济来源，长时间上网形成的高额费用确实是不小的压力。为了获取网费，有些青少年往往会铤而走险，盗窃、抢劫甚至杀人。

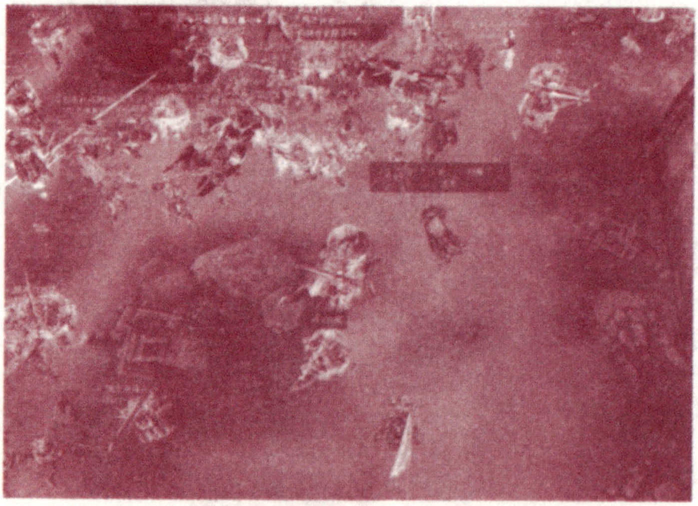

◆让孩子沉湎不已的网络游戏

案例

为了143元网费犯罪的孩子

小乾、小坤的母亲逃过一劫，可小颜的父母却远没有那么幸运。2004年5月20日早上，年仅15岁的小颜，趁父亲熟睡之机偷钱去网吧，又怕父亲醒来打他，竟然用铁锤将父亲砸死，然后拿了143元到网吧如常上网。

小波，看上去瘦弱清秀，但却是残害3条人命的凶手。

长期以来，小波沉迷于网络游戏，因为没钱上网，他就到亲戚傅某家偷钱，被发现后，他举起菜刀将傅某和其妻砍倒在地。在找到600元匆忙逃离现场时，又将邻居一位80多岁的老太太杀死。

无独有偶，江苏省一位14岁的少女，为了支付上网费而偷同学的钱，被老师发现受到批评后，心理扭曲的她居然用菜刀将老师活活砍死。

有的学生冷漠仇视周围同学甚至亲人；有的昼夜上网以至离家流浪，甚至走上违法犯罪的道路。

大部分网络引发的青少年犯罪，作案的诱因、作案的勇气甚至作案方式都来源于游戏。一些网络暴力游戏从2D升级为3D，动画效果极其逼真，游戏人物杀人或被杀时，血光四溅。这样长期的、无数次的“杀人”训练使玩家变得情感丧失，对生命麻木，血腥而直观的画面加上充满挑逗性的文字，极大地刺激了他们的模仿欲，使他们由“网上搏杀”到“仿效杀人”，由网络游戏高手演变成为现实中的凶犯。

案例一

郑州青年小威沉迷网游几乎疯狂。2006年10月3日，在“作战”过程中，游戏对家将小威在网游中的“女朋友”“杀死”。一怒之下，小威竟找到了正在另一家网吧上网的游戏对家，并将他活活打死。

案例二

胡某，年仅16岁，在网吧玩一种用刀捅人的暴力游戏时，由于技术欠佳，胡某每次都被别的玩家“捅”倒。而坐在一旁的同龄少年也在玩同一种游戏，他忍不住对胡某冷嘲热讽了几句。

在网上“杀”红了眼的胡某当即火冒三丈，抽出半尺长的防身刀具，捅向同龄少年的胸口，导致他当场死亡，而胡某则又坐回电脑前，依旧沉浸在暴力游戏中。

直到警方赶到现场，胡某才惊醒："我是不是杀死人了？会不会坐牢？"

网络安全贴士

网络游戏良莠不齐，暴力和色情游戏充斥着网络，长时间陷入暴力和色情游戏中，对道德观的形成有极其不良的影响，长时间处于这样的画面和情景中，很可能会认为现实生活也就是如此，也有可能潜意识地去模仿。

在网络游戏里，人被杀死之后，可以在下一局中死而复生，继续厮杀！可在现实社会中，生命哪里还有下一局？